四种气质类型指南

认识、解读、预判人的心理和行为

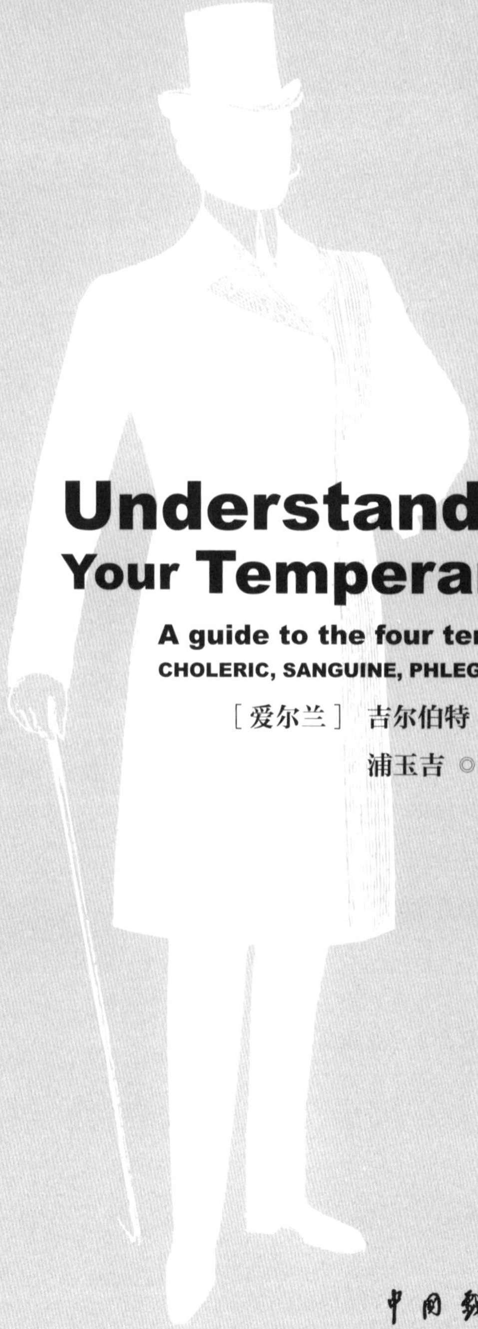

Understand Your Temperament!

A guide to the four temperaments: CHOLERIC, SANGUINE, PHLEGMATIC, MELANCHOLIC

［爱尔兰］ 吉尔伯特·查尔兹 ◎著

浦玉吉 ◎译

中国戏剧出版社

图书在版编目（CIP）数据

四种气质类型指南：认识、解读、预判人的心理和
行为 /（爱尔兰）吉尔伯特 · 查尔兹著；浦玉吉译 . -- 北京：
中国戏剧出版社，2022.11（2023.8 重印）
书名原文：Understand You Temperaments! A Guide
to the Four temperaments: CHOLERIC SANGUINE
PHLEGMATIC MELANCHOLIC
ISBN 978-7-104-05244-9
Ⅰ . ①四… Ⅱ . ①吉… ②浦… Ⅲ . ①气质—通俗读
物 Ⅳ . ① B848.1-49
中国版本图书馆 CIP 数据核字 (2022) 第 113496 号

四种气质类型指南：
认识、解读、预判人的心理和行为

责任编辑：黄艳华
责任印制：冯志强

出版发行：中国戏剧出版社
出 版 人：樊国宾
社　　址：北京市西城区天宁寺前街 2 号国家音乐产业基地 L 座
邮　　编：100055
网　　址：www.theatrebook.cn
电　　话：010-63385980（总编室）010-63381560（发行部）
传　　真：010-63381560

读者服务：010-63381560
邮购地址：北京市西城区天宁寺前街 2 号国家音乐产业基地 L 座

印　　刷：北京鑫益晖印刷有限公司
开　　本：787mm×1092mm　1/16
印　　张：9.25
字　　数：109千字
版　　次：2023年8月　北京第1版第2次印刷
书　　号：ISBN 978-7-104-05244-9
定　　价：68.00元

识汝同类，毋枉揣神旨；

欲察人事，须向人求。

——亚历山大·蒲柏《人论》(1733 年)

地球上早期生命遗留下来的事物与我们所继承到的东西之间确实存在某一中间介质。这种中间介质既具备家族、民族和种族在更广泛意义上所呈现出来的普遍品质，同时兼具成就个体独一性的能力。介于遗传与个性中间的事物，我们用“气质”一词来表示。

——鲁道夫·施泰纳

目 录

第一章　同为人类，各不相同！

爱尔兰有谚曰："人都是一样的，只是各不相同。"人与人之间的这种差异主要源于各不相同的气质。阅读本书后，你也可以将每个人的主导气质加以精准地分类。那么，你是什么气质类型的人呢？了解自己、家人、同行和同事的气质有多重要？如果你想知道某人在特定情况下会做何反应，那就需要了解他们的气质类型。因此，如果你想知道自己，以及其他人的心理机制（谁又不想知道呢？），这本书可帮你解答这些问题。你将从中受益，因为一旦你学会解读人们的气质类型，必将在人群之中占据优势。你将获得的认知优势有利于你更清晰地掌握最危险的敌人，也有利于你更好地认识最亲密的朋友。

我们经常会发现，在朋友和熟人身上，总会呈现前后一致的行为模式。行为模式通常会持久恒定。因此，你可以比较准确地预测出，在某些特定情况或境遇之下，他们会做何反应。问问自己，是不是经常会说："嗯，我知道你肯定会这样做！"你是不是在什么时候会立即意识到苏珊或吉姆有些不太对劲？"那可不像比尔的风格，"你会说，"难以理解。"

当你察觉自己说出以上话语之时，可能会觉得你对某人的看法完全被颠覆了。你开始问自己：我真的了解这位“最好的”朋友吗？我敢打赌，你肯定听到过什么人——很有可能是那些离了婚、分居或莫名其妙就把一段稳固关系搞砸了的人——会说：“我和他 / 她共同生活五年了，可是却像是和陌生人过的一样——对他 / 她完全不了解。”当我们不再能够正确判断他人时，我们也会丧失对自己的信心，并开始怀疑自己是否真像我们曾经想象的那样正确！这可能会让我们感到震惊，就好像曾经以为千真万确的现实也不过是想象而已。

人格与性格的区别

人人都知道“世上最难懂的莫过于人”，也知道“没有比人更好玩的了”，但也不必因此就觉得永远不可能了解他人的真实模样。你肯定遇到过那种脾气极好，“多大亏”都能从容吃下的人，也一定见过那种为一点点小事就火冒三丈的人。你很有可能也会思考，为什么会有各种各样的人？大体上来说，他们又该归入以下哪些基本类型？比如“易怒的”“随和的”“不痛苦不罢休的”“闲不住的”等等。

人格体现在个体差异性上。他们的行为、世界观以及对各种问题的看法和意见都会透露他们的人生哲学。个体差异性使得人们在思想、信仰、接受的教育、成长历程等方面都不相同。我们每一个人都有与生俱来的不同性格特征，人与人之间千差万别，正如一盒扑克牌中的无数张牌一样。这些基本的性格气质和品质构成了我们从孩提时期到晚年的人生基础。但从长远来看，真正重要的，是我们该如何打好这副牌，我们该如何通过个体性运用这副牌。我们的个性表达是基于我们的行为以及我们的实际行动才得以体现的。

另外，当我们想要形成某些习惯行为时，性格会帮助我们实现这些目标。完全可以说，我们做出的每一个行为、每一项动作、在任何情况或情境下的表现，都是为了回应我们在特定时间的某些需要。我们的感受、想法，或仅仅为了履行职责而不得不做的事都有可能引发这种需要。通常情况下，每一个动作都会引发一个反应，而这种反应或回应的性质往往会反映出我们的气质。换言之，这会揭示我们的内在自我：真实的自己，真实的性格——也就是说，从人类角度而言，我们的本来面目。在这一情境设置下，“性格”一词，指的是能够体现“性格特点”的东西。至于某个人的生活方式是令人极为尊崇的，还是有着犯罪倾向的，都不重要。

千百年来，人们早已知道可以按照固定不变的行为模式、对他人和生活的大体态度，将人们划入某些特定的范畴或“类型”。这些行为模式是习惯所致。换言之，是一般情况下，一个人对特定情况做出的特定反应。例如，假设大家都知道某个人平易近人，可是突然间他变得高声大嗓、咄咄逼人，对别人吆三喝四、指手画脚，那么大家一定会觉得有什么地方不正常了。因此，我们有理由认为，我们平常的行为方式，就像是早就植入我们机体结构的固定模块。假设情况确实如此，我们就有理由相信人们的具体外在表现会体现出行为上的一致性。而正如我们看到的那样，事实正是如此。

四种气质类型具体是哪四种？

人类的行为可根据其典型特征分为四大类，代表着四种不同的气质。根据人们的一般认知，这最早可追溯至古希腊时代。古希腊人将四大元素，即火（fire）、气（air）、水（water）和土（earth）与人的四种气质联系了起来——如下表所示。中世纪的医生们声称我们身体的组成部分也与“四种体液”（four humors）相关，并认为体液是构成我们气质情绪的基础：

表 1　气质、元素与体液

气质	元素	体液
胆汁质 (Choleric)	火	黄胆汁 (Yellow bile)
多血质 (Sanguine)	气	血液 (Blood)
黏液质 (Phlegmatic)	水	黏液 (Body fluids)
抑郁质 (Melancholic)	土	黑胆汁 (Black bile)

请勿因以下词典中的解释感到震惊：（1）胆汁质（脾气大、热情、易怒）；（2）多血质（开朗、自信、乐观）；（3）黏液质（冷漠、不易冲动、情绪稳定）；（4）抑郁质（沮丧、忧郁、郁闷）。词典给出的这些简短释义，本身只是一个粗略的概念，解释了如何根据此类特点将人们划入不同的类型。无论在何种情况下，它们只是冰山一角。我们会看到，人的气质还有诸多其他属性。

根据基本品质、属性和性格特征将人们加以分类的方式确实过于简单粗暴，许多人反对这种分类方式，认为这是不科学的、难以证明的。如果您也持有这种观点，敬请先读完本书，再做决断。符合科学规律的观点必须能够在现实中可用，且应该将理论与实践加以结合。气质类型学说久经考验，而且仍将继续有效。威廉·莎士比亚在他的戏剧《裘力斯·凯撒》中对黏液质和抑郁性格特征有着非常细致的刻画：

我只要那些身体长得胖胖的，
头发梳得光光的，平静泰然的人陪伴我左右。
那个凯歇斯消消瘦瘦，
一脸饿相，心机太重，
这种人必生祸端。

（第一幕，第二场）

从作曲家的音乐风格和外表上，也可以明显地看出他们的主导气质，比如贝多芬倾向于胆汁质，莫扎特倾向于多血质，布鲁克纳倾向于黏液质，而肖邦则倾向于抑郁质。

三对四，行不通！

现代心理学非常重视个体行为差异，但在参照气质理念对人群加以分类时，又非常强调相似性。因此，我们认为，前面提到的爱尔兰谚语虽然听上去有点古怪，但却是事实。我们在许多方面确确实实是一样的，然而又各不相同。如果不是这样的话，我们会发现非但这个世界非常无趣，并且人们也根本不可能做到相互理解！要明确界定人们之间的差异性及相似性，是极有意思的事，甚至令人着迷。

在讨论各种气质时，心理学家总是会在人们的生理特征（即身高、身材和其他身体特征）上纠缠不清。人的体型通常分为肥胖型体质（endomorphic，圆胖、较重）、消瘦型体质（ectomorphic，较高、体型单薄）和运动型体质（mesomorphic，强健、肌肉型）三种；但同样，这种描述方式只能略窥一斑，不能见其全貌。不管怎么说，这种分类方式是很靠不住的。其中涉及的一些问题，我们将在以后的章节中详细讨论。

从传统角度来看，人们普遍认为存在四种气质。而现代科学似乎坚持认为人类存在三种体型和身高。现在，正如我们大家所知，根据简单的算术规则，3:4 是不对等的——除非我们接受一个莫名其妙的分数——而那并不能代表多少现实生活的真实模样。那么，如何解决这对明显的矛盾呢？

关于人类行为的一般性观察告诉我们，这个世界上基本上只存在两种人：瘦高的人或矮胖的人。但是，我希望你能认可这种观点：上述两种类型，各自又可再分成两种，从而得出人的四种物理类型。粗略来说，抑郁质的人体型瘦长，脸形也长；多血质的人通常不会太高，但体型单薄，脸形呈椭圆形或心形；相比之下，黏液质的人身材矮小，通常比较粗壮，脸上有婴儿肥；胆汁质的人也矮小，但更粗壮，肌肉型，宽肩方脸。但这只是第一印象。我将在稍后各个章节详细讲解。

这四种气质存在一些基本的相似点，也有一些不同之处，一定要牢记这一点。抑郁质和黏液质属于明显的内向型气质（introvert），而多血质和胆汁质显然属于外向型气质（extrovert）。我们可以很容易地发现，抑郁质和多血质气质类型是两个对立的极端。同理，黏液质和胆汁质是另一对极端。通常情况下，这种极端气质只会偶尔显露，大多数情况下，人们的性格会显现出各种气质特征互相平衡的结果。但同时，总有某一种气质会占主导地位。这就是为什么我们最好先观察相当长的一段时间后再来确定某个人具体属于哪一种气质。能否正确预测某人在特定情况或情境中会做出什么样的反应，是检测判断能力的有效途径。从本质上来讲，人的气质是恒定的，在揭示人们的行为模式和反应模式方面是可靠的——也必须如此。因为气质事实上早已融入我们的身体构造，所有人都看得见。

下表列出了此类极端性的一些表现，包括不同气质类型的个体在注意力唤醒、注意力范围和强度，以及注意力持久性等方面的内容。

表 2　不同气质类型的典型特征

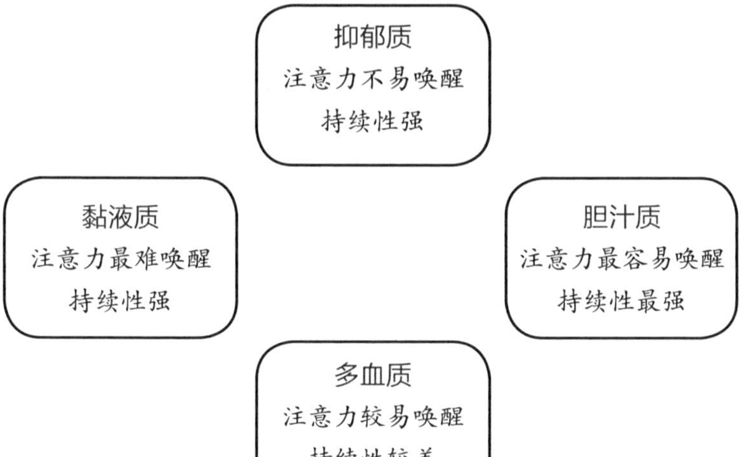

这张图表可帮助人们确定某些个体的相关行为，因为哪怕你只跟他／她聊上短短几分钟，就能获得一些非常可靠的气质线索。

哪种气质最好？

我们不能说哪一种气质在某些方面优于另外一种气质。每一种气质都有优有劣，我们会在后文中更加详细地讲到这一点。事实上，每个人都同时拥有四种气质，但比例不等。这也呼应了前面所说的：我们都是一样的，但却各不相同！每个人都会表现出两种气质的行为特征，但通常某一种气质会占上风，而在我们的身体构造中，总能发现这种突出的气质特征。这种突出的气质形成了我们的个人特色，或者说“天然品性”。一个人只拥有一种气质，从而总是产生极端行为的情况非常罕见。一般来说，每个人身上都会有第三种气质的痕迹，而第四种气质则少之又少，完全被前三种特别是前两种气质所掩盖。

观察一个人外貌的细微之处是非常有趣的，因为正是这些细节会揭示人们的主导气质类型。我将在后文中逐一详解。如果你学完相关内容后，并没有发现你身边的人们和之前相比多了点意思，那才怪呢。要研究人们的行为是很容易的事，因为很有趣。而且，当你发现有那么一两个人拥有和你一样的性格特征和体型时，常常是一件很好玩的事。当你有了这个爱好，那么，在排队时、乘坐公共汽车或火车旅行时，或在机场休息室等候值机时，就再也不会感到无聊了。这个研究还有一项额外的好处：很快，你将能够从更深层次认识你的同事——更别提你的朋友或者熟人了。

那么，你真的认为你对自己及他人的了解，可能比他们更加全面吗？嗯，生活中充满了惊喜，这本书也是如此。在本书中，你会为生活中普遍存在的一些问题找到答案——包括在家庭、工作场所以及任何其他需要与他人进行社交互动的领域可能出现的问题。

暂停、反思

人类在面对生活中的诸多问题时所产生的情感及理性思考过程有着什么样的内部运作机制？这是本书将要解答的问题。针对他人的言辞，为什么有些人总是一点就着，反应过度，而另一些人虽然在大多数情况下能做到云淡风轻，但在特定时刻却表现得更为糟糕？本书将给你答案。也许读到一半你就会明白：为什么有些朋友，时不时令人讨厌至极，而他却总是乐此不疲地做一些令人讨厌的事，哪怕活得一团糟，而另一些人与每一个人都能保持良好关系。这都要归因于他们的气质类型。

当你读完本书，并掌握了其要义，就会发现周围的人变得更有趣了，更值得玩味了。而且我相信，你会对自己的缺点持更加宽容的态度，也将更能容忍他人一些奇怪的行为方式。

让我们来直面这些差异。先说说最重要的——对我们所有人来说，无不如此——我们对自己的兴趣远大于任何其他人，这是天性使然。此外，我们也认为我们对自己的了解，也一定远超别人对我们的认知——但事实也许并不尽然。不然，为什么我们总是时不时地需要别人帮助我们解决问题？为什么我们自己不能搞定一切？我们处在一个需要他人提供咨询服务的时代——你所面临的问题，别人比你知道得更多。大家都觉得自己是独立的人，除了我们自己想要告知的人之外，为什么要将自己真实的感受和想法公之于众？

不过，我们并不总是真正了解自己，也并不总是正确地看待自己，而其他人常常能通过我们的行为发现我们的问题。同理，你也能在他们身上看到他们自己看不到的东西。这是一个双向认知的过程。

正如苏格兰杰出的诗人罗伯特·彭斯（Robert Burns）在诗作《致虱子》（*To a Louse*）中所写：

> 啊，但愿上天给我们一种本领，
> 能像别人那样把自己看清！
> 那将会免去许多蠢事，
> 以及傻人的迷思。

但问题是，我们可不想直截了当地告诉最好的朋友他们的真实面目。因为要是那样做的话，一段美好的友谊就要完蛋了。

第二章　气质类型心理学

一般来说，正统心理学家们对我们所说的四种气质类型概念保留着一定程度上的疑虑，这是正常的。他们认为，这种学说不够“科学严谨”，因为这种学说显然只是对某些现象进行了粗略概括，很难加以证明。然而，正如我们所知道的，四种气质类型的理论已经存在了两千多年。因此我们可以说，它已经历了时间的考验。如果他们不愿正视这一点，那是他们的损失。如果这不算“科学”，那么我们也可以说，运用于严谨的观察研究中的常识也是不够科学的了。我将在附录Ⅱ中讨论所谓的胚胎发育假说。我确信，读完那部分内容，你将能更轻松地分辨出哪些观点是合理的，哪些观点又是不合理的。

内向和外向

长久以来，根据人们的行为模式和性格特征，我们总是把人划分为内向的人和外向的人两类。我们不需要成为心理学家就能理解这一点——日常经验就足够了，而常识会帮我们确认这一点。我们生活在两个世界：外部世界——从任何角度来讲，都属于公共范畴的一个世界；内部世界——我们的秘密世界，不经我们允许，任何人都不能进入的世界。

因而，很明显的一点是，内向人群往往专注于自己内心的想法和感受。据此，我们说，内向的人，其行为一般都是经过深思熟虑的。在很大程度上来说，他们的行为似乎是被动的，但这种特性通常只限于外部世界。在他们的内部世界，他们的思想和感受、希望和恐惧、抱负和失望毫无疑问都表现为主动行为。遇到事情，他们往往会在自己的头脑中仔细掂量，态度上保持谨慎，采取行动时也会预想后果，做全盘考虑。这种人往往沉默喜静，绝不会成为任何聚会或活动中的灵魂人物。

而与之相对的外向型人群，天生热衷于成为群体中的领袖人物。人们认为这种人属于积极主动的类型，他们会在狂风暴雨似的生活模式中感受到自己的价值，也许更喜欢被人簇拥围绕的感觉。他们常常“忙个不停”，享受做事的过程，或观看别人做事的过程——例如观看足球或板球比赛。很难看到他们手里捧着一本书、枯坐于扶手椅上、沉迷其中而忘记周围一切的情形。一遇到某种情况，他们反应迅速，常常无须思索就会付诸行动，而大脑却一刻也不闲着——他们是那种身到心到的人。到此，我们已经可以构建出一个简单的模型。和其他数个模型一样，随着本书的继续深入，这个模型会越来越复杂，信息量会越来越大：

内向型（深思熟虑型）——黏液质、抑郁质

外向型（积极主动型）——胆汁质、多血质

聚合型思维和发散型思维

除了上述分类，还有另一种分类方式。注意力集中、记忆力优秀可靠的人群属于聚合型思维类型（convergent）。相对来说，他们更容易处理抽象概念，在工作过程中通常很注意方法，能做到全盘考虑。一般而言，聚合型思维人群的态度和行为可能算不上反社会类型，但他们确实会更喜欢专注于研究客观事物和对象，而不是其他人群。

不足为奇的一点是，聚合型思维人群擅于解决问题，因为他们擅长逻辑思维。他们的态度倾向于传统和保守，其思维方式、感觉方式和做事风格趋于专制、固化和僵硬。他们中的很多人从事那种无须与其他人打交道的职业。在实验室里独自一人埋头苦干的科学家们就非常符合这种类型。他们喜欢在自己周围设置屏障，躲在屏障后面会让他们感到安全和放心。一般来说，他们的个人兴趣比较狭隘，集中体现在那种需要聚精会神、全力以赴的事物类型上。这种冷漠的态度、逃避人际互动的行为造成的结果是他们的情感发育不够充分，因为他们通常比较害羞，不愿展露真实感受。

与之相对，发散型思维（divergent）人群常常思维活跃，很难集中注意力去做好手头的工作。正因为如此，他们会发现记忆事实和数字是一件很困难的事情。他们富有审美情趣，想象力丰富充盈，不管遇到什么问题，都能迅速找到解决方案，但通常只依赖于直觉而非借助于逻辑推理。发散型思维人群往往拥有敏锐的社会责任感，他们更喜欢与同胞相处，而不愿意与乏味的客观事物打交道。可以说，发散型思维人群是通过融入人群来逃避客观事物的，而聚合型思维人群则是通过专注于事物来躲避人群的！

发散型思维人群在大多数情况下都很积极，不愿隐藏自己的感受或意见，他们兴趣广泛，能快速积累一般性知识。糟糕的是，他们学得很多，但却很难记住！他们的态度比聚合型思维人群灵活很多，更愿意做出妥协。他们极富创意，对事物的观点甚至于生活方式都倾向于反传统、反正统。

无论是聚合型思维人群还是发散型思维人群，他们的智力范围不存在明显的差异，但必须指出的是，聚合型思维人群由于记忆力优秀，在书面考试中——特别是那种无须发散性思维的考试中表现更加出色。发散型思维人群在发散型考试中以及多项选择题型中表现得更好。

因此，我们根据基本气质类型来对这两种人群进行分类也是合理的。如下：

发散型思维人群——胆汁质、多血质

聚合型思维人群——黏液质、抑郁质

因此，我们可以说，在大多数情况下，内向型人基本上属于黏液质、抑郁质类型，很有可能属于聚合型思维；而外向型人通常被归类为胆汁质、多血质气质，倾向于发散型思维习惯。我们可以在人们的行为中很容易地发现上述这些主要性格特征，而从以上简要阐释可知，对人群进行如此分类是合理的。

稳定型气质和不稳定型气质

我们有理由声称，从习惯性行为的角度来说，大多数人可以被归入气质比较稳定的人群，剩下的人可归入气质不稳定类型。换言之，有些人的行为模式前后连贯，而另外一些人的行为则不好预测，他们的主要性格特征也与其气质类型相关联，如下所示：

稳定型气质——黏液质、多血质

不稳定型气质——胆汁质、抑郁质

将冷漠、可靠、不温不火、有点被动的黏液质气质类型和风风火火、生机勃勃、毫不稳定、有点神经紧张的多血质气质类型同时划入稳定型气质类型看上去有些奇怪。但事实上，绝大多数情况下，这些性格特征都保持恒定一致。黏液质的人通常会沉迷于自己的内心世界，几乎完全无视周围发生的一切——雷打不动那种。他们对客观事物提不起任何兴趣——当然，食物除外！尽管多血质的人在行为模式上同样比较稳定，但事实真相是，他们的行为本身却极不稳定。肤浅、敏感、喜好社交、容易冲动是他们身上的天然特质，而这些特点是多血质的本质属性。因此，多血质和黏液质属于稳定型气质类型，因为他们各自的行为模式极难改变。而与此同时，这两种气质的人又恰好互为对立极端！

主导气质特征

我们现在已经能够构建基本的行为态度模型，以更复杂的方式来分析绝大多数普通人的行为。日常生活经验告诉我们，不能僵化地划分事物的类型，这同样适用于气质类型。但随着本书论述的继续深入，你会发现，你自己的亲身经验会印证气质类型的基本原理。大体上来说，这些基本原理是有效的、可靠的。

下表列出了我们目前发现的一些所谓的行为障碍特征：

表 3 气质类型与行为障碍

人格障碍	抑郁质	不稳定	内向型人群
	黏液质	稳定	内向型人群
行为障碍	胆汁质	不稳定	外向型人群
	多血质	稳定	外向型人群

我们可以很轻易地发现，抑郁质和黏液质人群都倾向于呈现内向性格和聚合型思维，因沉迷于内心世界而出现人格障碍。他们只关注、关心自己的内心世界，而非他人的世界。一般来说，他们的问题和困难往往是由自己的心理取向引起的，他们只在乎自身而非外部的世界。人们认为，黏液质的人过于关注自我的内心感受和自身的感官舒适，包括饮食等，甚至完全沉迷其中。他们是“胖并快乐着”的代言词，心情愉快，平静温和，不易激动。抑郁质的人永远不会快乐，不把自己弄得痛苦不堪（按他人的标准来看）绝不罢休。他们是那种愿意为他人分忧，却总是帮倒忙的人，随时准备着把自

己的“痛苦”分享给那些真正感到沮丧或灰心的人们！所以，如果你发现一个黏液质的人表现得极为失常，或某个抑郁质的人表现出病态的忧郁，那就是典型的人格障碍。

相反，胆汁质和多血质人因更加专注于外部世界和社交互动，所以更有可能呈现出与外部世界相关的一些问题或障碍。那些一点就着、暴躁不安、反应敏捷、具有攻击性的胆汁质人很容易陷入各种各样的冲突和纠纷之中。他们乐于争斗，一心只想战胜对手，不管是现实中的还是想象中的对手。从某种意义上来讲，他们就是定时炸弹，就等着什么时候被起爆。多血质人的性格极不稳定，他们永远都想打探些什么，对所有人、所有事都极为好奇，永远都不会得到内心的平静或满足。对他们来说，别人的草坪总是更绿些。他们永远不会满足，永远焦躁不安，仿佛满足感故意要躲着他们一样。所以，想象一下，他们会给自己带来些什么样的麻烦！

极端状态下的气质

在很多方面，我们的弱点反而会成为我们的强项，而我们真正的强项却会成为我们的弱点。美德过度常常表现为邪恶。可以说，每一种状况、状态、情境和条件都包含着将其自身毁灭的种子。所以，这都与我们特定的性格倾向组合有关。很清楚的一点是，我们的气质特征天然地将气质分成了两个互相对立的极端。我们接下来要做的，就是将这些内容加以整合，而最好的办法是借助于另一种涉及四个面的排列方法——四象限法（quadrant）。

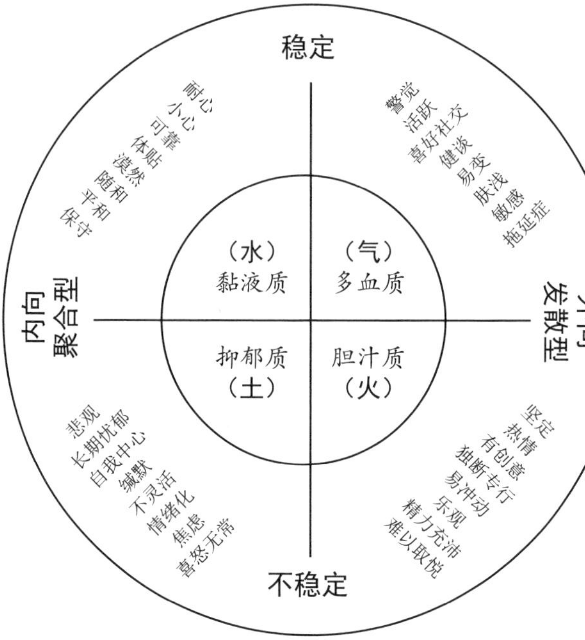

图 1　气质类型四象限法

之所以我将所谓的古希腊四元素学说包括了进来，是因为它们是有用的指标，与气质的基本原理相关。这种观点至少可以追溯到希腊医生和作家加伦（约 130—200）时代。

抑郁质的人给人们的印象是，他们在身体和精神上都极为低落，好似他们背负着整个世界的麻烦和痛苦。从某种意义上说，这确实就是他们的实际感受。他们觉得整个地球的重力从四面八方扑向了自己，而重力是地球的一个本质属性。

即便生活中最不起眼的小事，也能让他们紧张过度，抑郁难解，似乎这些小事要把他们彻底压垮、完全击败。在他们眼里，一堆鼹鼠拨拉的小土丘就是一座山，一条沟渠就是万丈深渊——天堂倾颓，大地崩裂！

黏液质的人，和流淌在他们体内的主要体液一样，在很多其他方面，和四元素中的水元素都有着非常紧密的联系。水的天性就是寻找适合自己的位置，这种平和的性情，体现在他们的个性中。然而，正如大洋之上也可能爆发剧烈的风暴一样，一旦有人突破他们常人难以企及的忍耐极限，黏液质的人会表现出比一般胆汁质人更加暴烈的行为。但在绝大多数情况下，他们会保持缓慢、沉闷、呆滞和冷漠的性情，无所事事地四处闲逛，他们无精打采，百无聊赖，慢条斯理，因太过懒惰而无力改变旧状，更别提去学习别人的生活方式。他们头脑如此简单，甚至有把别人逼疯的风险——但在这个表面之下，什么事情都有可能发生。

胆汁质人的暴烈程度，根本无须夸张。即便没有喷发，火山熔岩也一直在酝酿。甚至当大火终于熄灭，变为灰烬，胆汁质的人仍会重燃火焰，就像浴火重生的凤凰一样再次出击——如果不是为了名利，就是在寻求下一场挑战。胆汁质的人，不管手头有着什么样的工作，不达目的，绝不会罢休。而且为了达成目的，他们可以不计任何代价。他们强迫自己一意孤行，乃至走火入魔。我们都听说过这种“工作狂”式的人物。他们不管对待什么事情都是一根筋，容易铤而走险，不惜赔上自己乃至全家人的生命。

多血质气质则与四元素中的气紧密相关，因为从本质上来讲，这种气质就像风一样，忽来忽往，满世界吹，永无休止。“吹呀吹，想吹哪里，就吹哪里。”人们常常会批评多血质人的行为方式和做事态度“不切实际，异想天开”，其实不无道理。他们总是一时兴起，但他们的兴趣不会持久，很快就转移到另外一样事物。他们焦躁不安、说变就变，正像风一样。

如果多血质气质超出正常范围，人就会思维散乱，变化无常。他们会将精力分散在琐碎小事上，根本无法集中精力，不能坚持做一样事情。他们风风火火，永远脚不沾地，最终只会让身边的人筋疲力尽，自己也疲于奔命，从而有导致精神崩溃的危险！

火、气、水、土四元素中蕴含着无尽的智慧，如图2所示，非常值得细品。

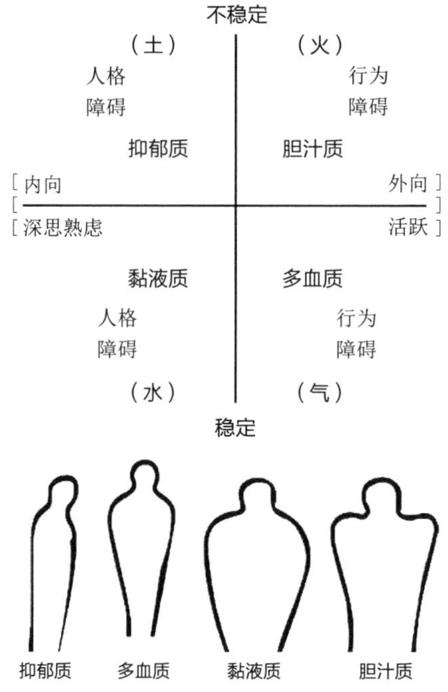

图2　气质类型、四大元素及个性对应关系

到现在为止，我们就四种典型的气质类型进行的概略介绍还只限于简单总结，在以下章节中，我们将加以详细阐述。我们还将针对一般个性特点逐一解说相关特征，精细刻画每一种气质，最终呈现出它们的全貌。在这一阶段，我们会加入一些漫画手法，帮助大家理解。

儿童和他们的气质

毋庸置疑，我们所有人来到世上之时，就已经自带确定的气质。这一观点贯穿本书。单凭遗传学说是无法解释我们与生俱来的所有特征的，因为即便同一家庭的成员，他们的品质和特点也是各不相同的。我们每个人都是独一无二的。不同的气质特征组合也必然千变万化。世界上的每个人都带有一些普遍性品质，这些品质构成了每个人的特点和人格。事实如果不是这样，我们就无法相互理解，也无法相互沟通。

必须牢记的一点是，所有十一二岁以下的儿童都可能会展现出一些与多血质气质相关的典型特点。无论他们的主导气质是什么，也无论他们的次要气质是什么，他们都会明显表现出多血质气质的特点。日常观察也证明了这一点。只要是一个健康的孩子，总会有那么一段时间，他会对周围的一切事物表现出活泼积极、精力充沛、好奇心强、敢于冒险、兴趣盎然的特征。他们有着惊人的想象力，有着表达自己的天然欲望，会用各种各样极富创意和艺术性的方式来展现自己，而不管在展现的过程中，他们的行为会有多粗鲁。他们时时热情高涨，情绪变化极大；他们无拘无束、自由自在、毫无私心杂念的状态，难道不正是年长的人们最嫉妒的吗？

当然，除了轻狂浮华、变化无常、活泼善动的多血质气质特点之外，我们也常在儿童群体中发现一些胆汁质气质特点：喧嚣吵闹、富有攻击性、爱逞口舌之快。以及一些黏液质气质特征：冷漠、无聊、对一切都提不起兴致（除了美食）。还有一丝抑郁质气质特点：安静、沉默、孤僻。但整体来说，不管是参加聚会派对、野炊或者郊游，还是去休闲中心或娱乐场所放松，多血质气质都将是主导。所有多血质人群的典型特点，如热衷于社交、自然随性、与生俱来的善意等等，在每一个孩子身上都能找到，这也是为什么孩子总是如此迷人的原因。

也许，最最需要记住的一点是，任何人都不应该试图去改变孩子已经拥有的气质。如果你想改变孩子的气质，你只会让孩子感到迷惑和混乱。他们的气质早已融入了身体构造，去人为地改变他们的气质，无异于因为他们鼻子太大或腿太长而去给他们做整形手术！你必须学会理解他们的气质，并接受这种气质。因为只有这样，他们在成长过程中，才不致产生心理伤害。

如果你的孩子属于胆汁质的人，请记住，他们之所以不安分，也许不是为了找麻烦——肯定是想要挑战自己，或想要解决难题，或只是想让自己积极活跃起来，总之都是为了有益的目的——这都是由他们的气质决定的。在他们的特定发展阶段，坚持交给他们一些超出其能力范围的任务，同时要警惕你是否误判了这些任务的难度或级别。如果真有误判，一定要立即给予帮助。永远不要忘记，儿童之所以“淘气”，常常是因为无聊。因此，要确保给他们一些事情去做，因为只有当他们参与各种活动时，才能促进他们眼睛和肢体之间的协调发展，才能提升他们的动手能力，并加强运动神经的全面发展。

但是，只有当你分配给他们的任务在多数情况下能与他们自身相适应时，才能确保他们的决断力、毅力、分辨力和意志力得到健康发展。根本不需要提醒的一点是，千万不要试图去“破坏”孩子的个人意志。日常情况下，孩子们的那种任性和孩子气可能会让你精疲力竭，忍无可忍，但面对这种行为时，最好的办法是利用那些已被证明有效的小伎俩来分散他们的注意力，或参与到他们的活动中去。显然，不管孩子在做什么样的事儿，或尝试什么任务，嘲讽的态度、不经大脑的批评，都是非常不恰当的；赞扬永远比指责更可取，因为前者采取的是一种积极态度，而后者则是一种消极态度。在面对胆汁质气质的孩子时，最好的做法是向他们展示技巧或专长，他们会非常钦佩，也一定会高看你一眼。向他们展示你的智慧，这将给予他们激励；告诉他们，当他们长大后，他们也能做到和你一样好，这将激励他们下定决心，追求成功。

多血质气质的儿童会动不动跑来打断你的思路，无休止地提出问题或要求，这可能会让你心浮气躁。做任何事情，他们永远只有几分钟的热情，然后就来抱怨“好无聊”。对于这种气质的孩子，最好的办法是尽力找一些能够吸引他们注意力的活动，尽量让他们坚持得久一些。这意味着你要密切注意他们参与活动的过程。看上去他们在不停地追逐新的兴趣点，不停地参与各种各样的活动，他们有数不清的消遣方式、爱好或者游戏，但总有一天，你可能会发现有什么东西一下子抓住了他们的心，他们再也不会分神了。试着让他们接触各种各样有意思的东西，并逐渐增加难度，扩大范围。例如，假设最近一段时间，花朵是最让他们着迷、最能吸引他们注意力的东西，那就带他们去附近的社区花园或公园游玩，或者带他们去看看附近的古宅老园，带他们去参观当地教堂举办的花卉节，甚至乡村花卉展，都极有可能点燃他们内心的火花，成就他们对花卉、园艺或插花的终生爱好。这都会促使他们静下心来，专注于某件事——甚至开创一段职业生涯。

同时，也要确保他们能接触到众多同龄儿童和青少年，因为他们天性随和，热衷于社交，总是在寻觅能与自己交好的朋友。他们的精力在很多方面和很多活动中太过分散，因此，如果能找到脾性相投的人去爱戴甚至崇拜，对他们来说，可能会是一种解脱，是一种心灵上的放松和满足。他们想要寻觅的人，可能是那种通情达理、宽容大度的人，有可能是比他们年长很多的人，是他们合得来、说得上话的人。同样，面对他们的焦躁不安、不可避免的失望或不满，不要批评或抱怨。即使他们有时候确实很烦人，很能挑战你的耐心，你也要先从自身入手，挖掘自己内心的那一丝柔软——你一定能找到的——说服自己，做出一点牺牲。

黏液质气质的孩子可能会表现得体、遵守规则、易于驾驭。大多数时候，交给他们去做的事情，都不用担心。他们的生活很有可能仅限于厨房餐桌和当地糖果店两处，但是别老拿物质去诱惑他们。一般来说，他们无意结交一堆朋友，或认识多少人，甚至对玩具和其他小玩意也不感兴趣。你会发现很难给他们灌输什么特定的兴趣爱好。他们的某个兄弟姐妹，或你自己感兴趣的东西，如果没有真正的闪光点，对他们而言，可能毫无意趣。不要期望他们会对什么东西表现出极大的热情、急切地想要得到或者狂喜不已。如果有什么东西能在他们波澜不惊的双眼里点燃一丝好奇的火花，就已经很不错了。

可以采取的策略是将他们介绍给那些已经找到自己兴趣点、爱好或者追求目标的同龄儿童。同龄孩子能给他们展现的技能越高，成就越大，特别是当他们涉及的兴趣爱好有一定深度的时候，在黏液质气质的孩子身上起到的带动作用就越好，特别是当这些同龄孩子不太那么毛躁或者喧闹——相反，比较有耐心、宽容、友好时——尤其如此。要记住，一般来说，黏液质气质的人总体上对人不怎么感兴趣，所以要格外留意，一旦他们展现出一丝愿意接触他人的迹象，一定要抓住机会。

那些即使在幼年时期就能悲伤地发现周围有很多不幸和痛苦的孩子，毫无疑问就是那些以抑郁质为主导气质的孩子。就算在现实生活中不存在任何马上就要来临的问题，他们也会制造一些出来。所以，别一直想着去宽慰他们，逗他们开心，或把他们从忧郁之中拯救出来，因为那样一来，他们的生活就失去了主题。他们有一种封闭自己的天然倾向，而在合理的范围内，这种个体倾向应该得到尊重。不要忘记，不快乐和忧郁是组成他们世界的一部分，他们有权生活在那样一个世界中。

由于抑郁质的人对疼痛和痛苦非常熟悉，不管那是真实存在的，还是想象出来的，他们都能够理解这一点。要让一个忧伤的孩子开心起来的办法是，在他们旁边坐下来，用最缓慢的语速、最低沉的语调给他们讲一个你能想到的最悲伤、最凄惨、最可怜的故事。他们的兴趣会立刻被激活；如果你讲的竟然是一个真实的故事，效果会更好。故事里讲的男主角、女主角或哪怕只是一只小动物，都要确保留出足够长的时间，让你的听众慢慢回味故事主人公所遭受的痛苦和不幸，但记得忽略那些最残忍的细节。讲故事的过程中，灾难、祸端应贯穿始终，每一个转折点都要穿插上一些危险、折磨和倒霉的场景描述。如果通过这种替代方式，让他们经历这种痛苦，那么极有可能的情况是，当抑郁质的孩子逐渐长大，他们对这个世界上其他人的不幸会有更加深刻的感受，这也会激励他们去有所作为，替他人解除苦难。他们会是天生的志愿工作者、慈善家、救援人员等等——危难之中最真诚的朋友。

年龄增长，气质永随

总体而言，随着年龄的增长，我们可以更加容易地通过体型来判断人们的气质类型。一般来说，胆汁质的人体形保持良好，因为他们积极活跃，会随时燃掉过多的卡路里。同样，多血质的人也会保持基本体形，但免不了要向岁月有所让步，肚子上会长赘肉，脸上也会生出些纹路。黏液质的人几乎逃不了会长胖的命运，虽然他们通常会半开玩笑地表示那是为了保持圆滚滚的可爱模样。抑郁质的人则会变得更加消瘦颀长，线条更加明显，皱纹密布。因此，不仅人们的基本身体特征随着年龄增长变得更加明显、更易被人辨识，而且在一般情况下，人们的行为习惯模式会更加清楚，更加可靠地揭露他们的内心面貌。

所有的儿童在进入青春期之前，虽然也会有一些基本的气质表现，但一定会呈现出多血质气质压倒其他气质类型的迹象。只需看看他们活泼好动的样子和举止，以及他们像蝴蝶一样从一种好玩的东西飞到另一种的情形，你就知道了。通常，他们都具备与其他人友好相处的天赋，他们魅力四射、可爱体贴，所以总是会交到一大堆朋友，也总会找到一大堆事儿去做，并沉迷其中。这有可能会引发的一个问题是，他们必须在校园生活、上大学的梦想和社交活动之间找到一个合理的平衡点。退一万步讲，社交生活是需要人们保持活跃的。

很明显，在青少年阶段，胆汁质气质已开始崭露头角了。不管他们的主导气质是什么，年轻人往往热情澎湃、血气方刚、积极进取、野心勃勃，更别提有多么以自我为中心了。这个阶段正是他们离经叛道、见谁怼谁、不知规矩为何物、勇于冒险、大胆鲁莽、一无所惧的时候。在这个阶段，就该让他们去世界各地游历上一两年，在国内或海外从事一些志愿工作或者其他工作，体验一下真正的世界。乌托邦就在不远处等着他们，他们身上仍然散发着理想主义的光芒。在他们眼里，这个世界腐朽不堪，得让他们来改造改造。就算存在挑战、困难和危险，但这些是不可避免的，他们已经做好了直面挑战、披荆斩棘的准备。叛逆是他们的主音符。现在是加入前瞻性社会团体的时候了。

他们会通过抗议游行、组织纠察队、示威活动、游说拉票、绝食、义务工作等方式，来让世界变得更加美好。

而抑郁质气质是中年人的本质特点。雄心、动力和抱负逐渐消散，屈从、臣服成为主导。青春的光彩只剩下回忆，功成名就、家财万贯、富足舒适等名词也渐渐褪色。年岁渐长、体形肥圆已成不争的事实。同时，在中年阶段，失望感也如影随形，处处可见，并愈来愈多。晋升的事儿从不会落到中年人身上——往往是刚有一点苗头，便早有人捷足先登了。你本以为，当孩子们长大，你的苦恼就会过去，至少会减少一些，可是，事实并不是这样。墨菲法则[①]告诉我们，其他问题会冒出来，窘境接二连三，你都不知道它们到底是哪里来的。更何况，孙子们又来报道了……在这个阶段，人会趋向内省，强烈

① 一种心理学效应，简单来说，指如果你认为某件事有可能变坏，那就一定会变坏——译者注

人之时气势逼人、充满挑衅意味，可能都源于他们内心看不见的强光。鼻子较短，通常鼻孔外翻，但形状大多还算美观。嘴唇厚而红润，一般呈正常红色，但有时候会呈深红色。下巴构造良好，常常向外突出，两颌线条粗犷结实。

男性胆汁质人往往因其强健的肌肉美赢得女性芳心，他们身上的那种粗犷气质常被形容为“帅气”。他们坚信骑士精神绝未过时。大多数时候，他们对任何年龄阶段的女性都细心体贴，表现勇敢。一般情况下，女性胆汁质人大多不会呈现娇小脆弱之态，绝不会给人弱不禁风的印象。相反，她们给人的印象是坚强、可靠、有担当。倒不是说她们就不会展现优雅之美，事实上，她们很多都是舞蹈高手。但千万不要忘掉，在面临挑战之时，她们能够而且一定会展现出很强的攻击性，一点也不淑女，甚至会破口大骂，恶言相加。事实上，不管男性女性，胆汁质的人都会表现出这类行为，特别是当他们的计划受挫或执行不顺利时。在这种情况下，千万别去招惹他们。

胆汁质的人，就算离得远远的，你也可以从他们的步态辨别出来。他们的步态坚定、果断，脚跟先着地，每一步都稳稳当当，甚至有些沉重。步速迅捷，目标坚定。他们给人一种匆匆忙忙的感觉，事实上他们也确实如此。他们急不可耐，总是想着去解决下一个难题，迎接下一场任务，赢得下一场战斗。他们的身体和四肢摆动迅速，坚定果决，反应一流。通常，他们是行动力极强的人，有什么任务，放心交给他们就好了。有民间经验说，如果想做成什么事，一定要交给那些闲不下来的人——那种闲不下来的人，几乎可以肯定是胆汁质的人。

从心理构造上讲，他们的气质在本质上是不稳定的。想来现在你也能猜到了，在生活中，他们相当外向，毫无疑问属于发散型思维。他们喜欢快节奏的生活，因此易得高血压等疾病。他们天性充满活力，勤奋用功，他们对自己的要求比对待他人更加严格，用比别人更高的标准要求自己，因为他们理所当然地认为高人一等。但是，一般情况下，很难看到他们自吹自夸。他们通常对自己的长处和短处一清二楚，只要着手去做一件事，肯定能够获胜，但如果没有十足把握，就绝不涉足。他们是天生的领袖人物，他们自己也很清楚。在紧急情况和危难局势中，只要他们对当前境况有了充分的认知和把握，会毫不迟疑地承担重任。

气质特征的积极面和消极面

以胆汁质为主导气质的人最显著的一个特点是意志力极为强大。他们意志坚决、绝不退缩的行事风格常常表现为冥顽不化、固执己见、死钻牛角尖，或者纯粹就是一根筋——甚至于冷酷无情。但通常情况下，他们乐观开朗、和蔼可亲、积极向上、抱负远大，渴望出人头地、功成名就，那意味着他们总是在向前看。他们总是在制订计划。假设他们觉得有望获得他人资助，那结果往往会变成某种新的冒险。他们会以百倍的勇气、卓越的领导力、百折不回的毅力、自我牺牲和忠于职守等优良品质去执行计划。

在胆汁质人的字典里，没有“行不通”这样的词汇。

不管什么事，只要有点难度，他们会干得津津有味。

因此，如果家里有点啥事，我们就可以给女主人支上一招了。“走开走开，让我来！”这种话是胆汁质人的口头禅。他们做事的时候，胆汁质的人是天生的领袖和企业家，他们爱指挥别人，自信满满，能够迅速掌握新观念，审时度势，抓住机遇。他们行动敏捷、充满活力、势不可当、富有想象力、可靠、可信、胸有成竹并勇往直前。正如我前面所提到的，他们不会给那些看不顺眼的人什么好脸色。他们自视甚高，不能容忍他人的低效和无能。他们对细节有着天然的敏感，专注力、执行力都极强。他们常常批评别人，但自己却不乐意接受任何批评。千万别忘了，他们只喜欢做老大！别围着他们说要是你就会怎么怎么着——对他们来说，要么按他们的方式来，要么就免谈。因此，在没有得到他们事先允许的情况下，千万别试着改变什么。也别指望他们“照规矩行事”，因为他们是彻头彻尾的个人主义者。

从某些形式上来看，他们确确实实很难缠，但胆汁质的人经常会担任公司高管或业务主管、经理、总裁或老板什么的。当一切进展顺利，当然皆大欢喜。他们会细致入微，对每一个人都照顾有加。但如果进展不利，那可要当心了。他们会咆哮、会怒骂、会疾言厉色、会擂桌子。每个人都躲得远远的，心里很清楚暴风雨就要来了。“你们销售员都是懒虫！财务经理就是一群小偷和骗子！计算机操作员？还用说？一帮无所事事、粗心大意的废物！工厂工头和领班都是吃闲饭的！车间工人就是一堆木头人！你们这帮人除了关心钱包鼓了没，还关心什么了？你们每个人都要面壁思过！”等等，等等。

如果公司遭遇困境——许是欠了银行或融资机构一屁股债——而难以生存之时，前面说的那种“胆汁质式崩溃”就极有可能真的发生。公司要完蛋，全怪公司员工无能！当然了，要是他和生意场上的三五好友乘座豪华游艇去加勒比海泛舟，公司完蛋是免不了的。他怎么可能离开公司？什么样的白痴会认为他也敢去度假？只要他一转身，公司肯定会……但他一点都不记得18个月之前，他的首席执行官只不过向他提出警示，告诉他如果继续这样弄的话，公司就会怎么怎么样，他就勃然大怒即刻将其解雇那桩事儿了。

胆汁质的人具有极强的个人主体意识。可以说，他们毫无疑问就是那种刚愎自用的人，果敢，自信满满，十分确定自己是对的；但同时他们也许会冥顽不化、独断专行、固执己见、专横跋扈、盛气凌人，有时候甚至咄咄逼人到了令人厌恶的地步。一名动辄发火的大块头橄榄球运动员，还是少招惹为妙。这种气质类型的人不擅长自我控制，也正因为如此，看上去他们都需要历经一些挑战，脚踏实地地历练一番。

胆汁质人通常都有一些抑郁质气质，那是他们的第二气质。这两种气质类型的结合，往往会造就典型的躁郁症型（manic-depressive）人格。胆汁质的人总会表现出——可能会相当轻微——疯狂的行为！他们习惯沉浸于过往成就和未来的征服会带来的快感之中，随之而来的，是一根筋式的执拗，而且常常是那种极端的执拗。当失败来临——失败当然是常有的事——他们会变得垂头丧气、自怨自艾、自我贬低。胆汁质＋抑郁质气质的人一旦彻底陷入这种自己强加给自身的、深不见底的哀怨深渊，那么，就算是撒旦的痛苦，在他们遭受的痛苦面前，也不过是小巫见大巫。但如果给予他们足够长的时间，之前那种乐观情绪在他们身上会再次出现，新的想法将会形成，新一波精力将会激起。你还没搞清楚出了什么事，他们已经在新的征途上走了好久了。

第四章　多血质气质

座右铭：希望！希望！

主题句：蓝蓝的天空

多血质气质的人不容易被识别

多血质气质与四元素中的“气”相关，其轻飘飘的特性，任性自由，不仅让人想到风之流动，也让人联想到擅于御风而行的鸟雀或者蝴蝶。与抑郁质气质的人之于重力恰恰相反，多血质的人在很多方面，表现出“浮力”的特质。虽然“多血质”一词暗含的“血液”内涵很强烈，但在更多意义上来讲，它与这类气质的人总是闲不下来，也与他们“热烈”而非“冷淡”的天赋有关。这些概念相当恰贴，也很有用，便于我们牢记这种气质的人有何特征。许多以多血质为主导气质的人，其习惯动作都相当类似于鸟类，动作迅敏却又紧张不安，每一根神经都绷得紧紧的。

他们的体形与这些一般特征也相吻合，纤细、匀称——至少在中年发福之前会维持这样一种状态。此外，他们步态轻盈，富有弹性，动作优雅，也是用来识别他们气质特点的依据。因此，我们可以毫不惊奇地发现，大多数模特，无论男女，都属于多血质气质，特别是当他们走猫步时尤其明显。一般来说，他们有白皙的肤色，蓝色的眼睛，男士往往挺拔帅气，女士同样秀丽可人，呈心形或椭圆形的脸型。他们身型优美，眼神动人，一双弯弯眉，匀称俊俏，给人生动活泼、光彩四溢的印象。他们的鼻子尤显精神。如果某人的鼻子短平上翘，鼻尖稍稍上翻，或呈鹰嘴状，或比正常人的鼻子都大，如果还展现出其他一些相关特征，那么很有可能，他／她是多血质的人。

抑郁质和多血质人群都属于消瘦型体型（单薄、消瘦），有时候会令人产生混淆。通常，抑郁质的人身材较高，步态较为缓慢沉重，常常向下凝视，而多血质气质的人体重要轻很多，相当敏捷，走路时倾向于脚趾先着地。此外，多血质的人整体上来讲更加活跃，总是在环视四周，就像小鸟，随时保持警觉。对于多血质的人来说，逛街是他们最喜欢的消遣。他们总是在搜寻新的、好玩的、古雅的东西，因为他们对一切事物都抱有兴趣——就是兴趣不能持久而已。

不用说，他们非常注重时尚，精于装饰炫耀，是货真价实的时尚达人。他们易受潮流影响，热衷于展现自己，无论得体与否。女士对珠宝首饰情有独钟，不塞满珠宝箱不罢休。然而，多血质的人，无论男女，往往品位高雅，有艺术天资，基本上属于发散性思维。再加上他们对社交礼仪了如指掌，精于计算，魅力惊人，单从社交能力上讲，很明显，他们可以不费吹灰之力就胜过所有其他气质类型的人。他们是社交场上的第一流伙伴，通常都亲切友好、和善有加，他们欢快的性格，永远都不怕找不到朋友或交不到新的伙伴。让他们来做任何聚会的“灵魂人物”，都不成问题。

所有这些听上去，仿佛多血质人群就是上帝的宠儿，但毫无疑问，看似完美的背后，也有着诸多缺陷。除了易受潮流影响、神经紧张、耽于空想和想象，他们还是出了名的不稳定，因为他们的心情说变就变。别指望他们会准时赴约。虽然他们自己毫无耐心、缺乏耐力，却要求别人都极度可靠、毅力超群。这种缺乏“牢固性”的特点，构成了多血质气质的一个严重缺陷。他们完全不具备注意力，无法将注意力集中在任何事情上，因此常常受到极大的阻碍。无数种观点、想法、印象在他们的脑子里闪现，然后又以极快的速度被替代。他们的记忆力平平，常常很难吸收任何事物的重点内容。学习任何东西，基本上都要不断重复，而且是一个漫长耗时的过程，需要强大的自律能力。对他们而言，这太艰辛，难以忍受。正由于这一原因，任何需要通过不断复述和大量练习才能获取的知识，或任何需要下苦功才能真正获得的技能，对多血质人来说，可能永远都不会完成。

多血质人的学业不堪一提，原因在于他们记忆力不佳，又浮夸轻飘，很难静下心来深度学习任何东西。他们不依靠逻辑思考和推理过程，相反，只会借助于他们确实了不起的直觉力量。他们似乎拥有看穿事物本质的本能。他们杰出的判断能力和评估能力，有利于他们权衡利弊。他们富有洞察力、反应迅速、能敏锐地捕捉任何不和谐的现象，是第一流的批评家。毫无疑问，就多血质人而言，经验是最好的老师，因为他们可从中学到一些从没想着去学的东西！而痛苦和悲伤也常与他们同行。因此，他们需要不断地动用自己强大的适应能力、抗逆能力，更别提他们的乐观精神和宽大胸怀了。

随着岁月推移，他们在艰难的探索之中，会不断积淀出深厚的人生智慧，成为第一等的祖父母！

变幻不定，又生性喜变，因此，多血质人很难专注于一件事，总是半途而废。他们是那种典型的杂而不精的类型。每当冒出什么新奇的东西，他们总是激情无限，兴趣盎然。只要逮着个新玩意儿，你可以肯定，他肯定会投入全副身心去研究，仿佛自切片面包问世以来，那就是最伟大的发明一样。绝大多数多血质人的家中，家具会定期换个位置，墙上的装饰物和画作会重新摆放，窗帘也要常常换上新的。总有些东西不再受他们喜欢，要被扔掉，换上新的。如果资金紧张，或者即使手头还宽裕，多血质人会选择去当地的慈善商店[①]，他们会仔细地检视每一排货架，一定要淘点宝出来。这样做的好处是，他们的内心会感觉又温暖又闪亮，因为对于出手豪奢究竟能带来多少喜悦虽然值得商榷，他们其实早就大手大脚惯了，需要从慈善商店的义举中获得新的体验。不管怎么说，管钱这事他们可真不拿手。

“看哪！看哪！”

多血质人对一切新的或不寻常的东西都会着迷。不管是什么，他们的新鲜感常常也就能保持一个月——因为一样事物对他们的吸引力很难长过一个月。他们对事物的兴趣，以及他们掌握的知识通常都很浅薄，大多只是道听途说或者人云亦云。他们聊起天来滔滔

---

① 指接受并销售人们捐赠的旧物，从而为残疾人、失业者等提供慈善资助的商店。——译者注

不绝，见解不凡，灵光迸发，极善于讲故事。他们可以将不知道什么地方听到的一鳞半爪说成自己的亲身经历，还讲得活灵活现，因为所有的多血质人都演技爆棚，有着俘获他人的天赋。他们身上的磁性和魅力，只需稍加施用，傻白甜准会心悦诚服，我们这帮凡夫俗子也一定被忽悠得云里雾里的。钻石毫无疑问是多血质女孩的最爱，因为钻石的耀眼光芒永远都在变化之中，确实是为数不多几件能够让多血质人持久喜欢的事物之一。

他们往往对一切都很感兴趣，但他们的兴趣不会持久。很快，他们的兴趣就会转移到别的事物上去。喜新厌旧是他们的常态，一次又一次的变换兴趣方向，耗时费力，却鲜有所获。他们通常对任何体力劳动都不屑一顾，要让他们干点工作，结果往往粗枝大叶，绝不会令人满意。对他们来说，差不多就已经够好了！“提前准备”这种事，要么草草就绪，要么压根就不存在。等主要工作做完——如果万幸竟被做完的话——收尾的活儿肯定是别人的事儿了。如果人走了，房间的灯却亮着；如果房门总是忘锁；如果屋里永远乱七八糟；如果饭要么夹生，要么糊了；如果永远记不得回信件或付账单，那么，你有理由相信这人是个多血质气质的人。

现在，也许你已经有了结论：多血质人意志力平平，也很难说有多少决断力。他们的许多行为前后不一致，让其他拥有不怎么多变气质的人迷惑不解。他们擅长模仿，模仿名人可是真有一套。许多多血质人性格优柔寡断，情绪变化无常。当你和多血质人交谈，或与他们分享你感兴趣的事物，心想对方肯定也会感兴趣时，很快，你就会发现他们根本一个字也没听进去。即使他们一个劲儿地点头、脸上赔着笑意表示认同，事实上，可能你还没有讲完一句话，他们就会转过头，插入到屋子里另一拨人的话题中去。有时候，这种奇怪的思维方式和行为方式往往自相矛盾。他们在给别人耍滑头的同时，也把自己给骗了。

此外，他们更有一种奇怪的习性：刚制订了个计划，就已经想着如何收工。好像成竹在胸，但常常是半途而废。不管啥事，对他们来说，都是昨天的活儿！很大程度上，他们倾向于随遇而安，不会用多少心思为未来制订什么详细计划，更别说执行计划了。幸运的是，他们乐观积极，灵活变通，不管搞出什么幺蛾子来，都能应变自如。他们自己非常清楚，中途变更主意是他们的拿手本领，也明知一旦事情定型，再去试着修补不会有什么用处。

绝大多数多血质人的一个显著特点是，在很大程度上他们的行为会受到社交圈子和朋友伙伴的影响。他们身上常常会带上周围人——不管是合作伙伴还是亲朋好友——的品质和特点。毫无疑问，部分原因是因为他们本性易受他人影响，同时也是因为他们变化无常、善于模仿之故。他们的生命里似乎很需要一位英雄式的人物，好用来仰望崇拜或当作自己的理想模范。这种仰望可能会延伸到体育界、娱乐界和其他各界名人，然而，他们又常常会发现这些名流各有缺陷——不过是又一场即将被丢弃遗忘的回忆而已。

这种生活态度正是那些内心永葆青春的人的真实写照，理所当然，也正是所有年轻人的一致特点。在易受他人影响的年龄阶段，年轻人的基础气质总是会由多血质主导（见第二章）。其他性格特点同样表明，所有多血质的人都希望能够青春永驻。如果你看到哪个上了年纪的妇女却打扮入时，那她一定是个多血质的人！至于一把年纪还梳着马尾辫的“少年”，穿紧身牛仔裤的中年大叔，一脸沧桑，但穿着短裤——仿佛要向所有人显摆他们已经曲张的静脉——的“学生郎”等等——就更不用说了。

作为社交手段极为娴熟的人群，从定义就可知道，多血质人对整个人类有着天然的爱和关怀，而且一般来说，他们的社会良知相当热切。他们敏感善良，愿意为每一个人献上真诚的祝福，特别是对“那些进入我们门内的陌生人”[①] 尤其如此。他们古道热肠，街头艺人们都常感受到他们的善心，路过救世军、红十字会或任何其他慈善组织也一定慷慨解囊。他们的感受可能不过是一时的心血来潮，但他们不仅富有同情心，还有了不起的共情能力，他们的出发点总是好的。

拥有其他气质的人最好记着要对多血质的人友善一些，因为他们是最懂得以友善回应友善的人。他们可能任性反复，因此令人讨厌，但千万别忘了不管他们心情如何，也不管有时候他们是多么令人生气，这一切都会过去。要尽一切可能保持意志坚定，因为只有这样，他们才能在关键时刻找到主心骨。一定要尽力掩饰自己的厌倦，尤其不要发火。如果你控制不住自己的脾气，他们就不会喜欢你了，并从此不再尊重你——不要忘记他们想要维护你的自尊。不管怎么说，可别试图以势压制他们，也别朝他们吹胡子瞪眼，威胁或想要摆布他们。如果你不信邪，他们将报之以嘲笑和奚落，因为他们天性爱自由，容不得别人来管束。因此，不要采取任何情绪上的反对或其他胁迫手段，更别提肢体上的暴力手段了。因为如果你真这样做，就可能永远失去他们的心了。

记住，典型的多血质人都很敏感，容易受伤，多愁善感。相反，

①《圣经·出埃及记》。——译者注

给他们送点小礼物，时不时表达你的体贴和关心，就足以让他们惊喜不已——永远不要忘记他们的生日！

他们不记仇，因为他们天性中善良的一面总会占上风。但是，如果受到了严重的侮辱或伤害，或者觉得受到了天大的冤屈，那他们会比任何人都更想复仇，恨意更深，更难原谅对方。即使这样，最终他们还是会释怀，会既往不咎，将过往当成历练，并从中增进自己的生活智慧。

第五章　黏液质气质

座右铭：明天再说！

主题句：家，甜蜜的家

黏液质的典型特点

在四元素理念中，这种气质的原型是水。这是最值得人们好好思考的。如前所述，水总是在寻找适合自己的位置。事实上，黏液质人的全部特征都能体现出水的平稳性——当然外貌除外。平静的海洋看上去波澜不惊，至少表面上如此，但我们都知道要当心平静的水面之下汹涌的暗流！这种外观与性格上的无形无状、平衡无为，在水和黏液质人身上都有明显体现。无论从精神上，还是情感上来看，黏液质的人在绝大多数层面上都平和稳定，比较乏味，没有什么特色，也难见情绪起伏。但是，和大海一样，他们有着很深的城府，他们将广阔的世界深深地隐藏了起来，不会轻易示人——可能只有三五个极亲近之人，才能有幸一窥他们的内心。

大多数人认为自己的身体是固态的，但众所周知，人体主要由水组成——或者至少由某种液体或其他物质组成。只有与这些体液相伴，或者说畅游于中，黏液质的人才会感到自在——特别是当消化液开始工作时，尤其如此！他们的既定形象：“胖乎乎”+“乐呵呵”名不虚传，也绝非偶然。他们追求的，更多的是舒适而非速度。用餐时，人们可以瞬间分辨出哪些是黏液质人。他们对面前的食物表现出几乎虔敬的态度，也一定会有自己雷打不动的惯用饮品。当满满一盘丰盛诱人的食物放到黏液质人面前时，叉子还没拿起，他们的眼睛已经吃了个精光。别提什么谈话了——反正不管什么谈话都得从简——没吃光之前，先打住吧。他们是天生的美食家，或者说——如果他们只在乎量，不在乎品质的话——天生的吃货。无论他们对美食的品鉴水平如何，对黏液质的人而言，吃吃喝喝几乎就是一项神圣的仪式，必须给予最高等级的尊重和膜拜。聪明的女人都知道这一点：要真正征服他的心，先征服他的胃！

黏液质的人在身体外貌上与胆汁质人大体相近，换言之，他们一般比较矮小粗壮。远看之下，这两种气质类型的人似乎很相近，但当他们站近一点时，两者之间的区别就非常明显了。

胆汁质的人“方方正正”，黏液质的人则“圆滚滚的”；前者结实有力，后者则更多体现为两肩圆润，身段柔软，肌肉松弛。胆汁质的人行动迅速，目标明确。相比之下，黏液质的人则步履迟缓笨重，从步态中就能看出。他们给人一种笨拙的感觉，拖沓疑虑，没精打采，仿佛根本无法适应脚下的地面似的。

黏液质的人通常比较丰满，甚至于肥胖。一到可怕的“中年发福”阶段，体形就尤其容易发胖。他们身上有一种雷打不动、波澜不惊的平静。他们自己也乐于保持这种平静，也会尽力维持这种与众不同的平静，因为他们热爱安静平和的生活，绝不会厌倦独处。因此，他们可能会显得愚蠢、无知、沉闷、反应迟缓。很多黏液质的人不愿参与日常生活中的闲言碎语、小道传闻或鸡毛蒜皮，因此有可能会被贴上“迟钝”的标签。他们内心丰富强大，有维持内心和谐平静的强烈愿望，并希望将这种和谐延伸到外部世界去，而我们都知道，在外部世界，这是不会有的。他们有着超强的耐心和自制力。他们对事物的容忍极限，远高于任何其他气质类型的人。

在他们最常呈现的平静姿态中，他们的圆脸常常显得没有目的，没有灵气，也没有感情。常常，他们眼神沉闷无神，总是毫无表情地凝视着什么地方。他们的鼻子往往较短，有时呈球状，或至少也是肉质丰厚那种，鼻孔可能较宽，与胆汁质的俊俏鼻全然不同。他们的嘴唇通常很丰满，但线条不怎么坚定——这一点与胆汁质的人相似。后者的语气往往十分尖锐，但黏液质人的音调和音高都较低，讲话速度通常很慢，乃至犹豫不决，时有停顿。他们的下巴通常圆圆的，缺乏刚烈气息；到晚年时，不用说，圆下巴大多变成了双下巴！

“别来烦我！”

这一句声明可是大多数黏液质人在大多数情况下的一般态度，当然，吃饭时除外！他们的衣着经常马马虎虎，甚至于不修边幅，往往一件衣服能穿上好些天也不换。他们会渐渐喜欢上那些穿起来不费事的夹克或那些舒适、耐磨的拖鞋，而且一旦穿上，就想不起来换掉。只要穿着舒服，管他别人的眼光呢！至于时尚——得，那都是哄傻子的！说起赶时髦，他们的态度恰恰相反，他们只求方便朴素，不愿意以任何方式引起他人的注意。为赶个时髦，改变自己？只要他们形成了自己的风格，啥也不会改变他们！他们讨厌变化，虽然可能也没什么兴趣去讨厌变化，但这就是他们给人的印象。因此，他们往往表现得老派固执，不愿尝试任何新的或不熟悉的事物。打个比方，如果家里重新装修，那些家具、照片和装饰品等必须要放回原先的位置，而且配色、图案等也一定要和之前一样。

如果你当着他们的面说他们单调无趣，他们一点也不会生气或不快。也许他们会报以温和的微笑，目光深邃，仿佛在那眼神后面隐藏着一个秘密世界，批评者们一无所知，却最想弄清楚。如果你问黏液质的人："今天过得怎么样？"他们的回答一定是："哦，挺好啊。"如果有人盘根问底，他们的回答依然模棱两可："哦，真没什么。"除非被纠缠不过，否则他们从不会轻易透露任何信息。如果你想要刺激他们，那得下大功夫。如果你对他们说了太伤人的话——他们对这种言辞极端敏感——他们会悲伤难过，大踏步走开。如果你冤枉他们，他们不会争辩，拒绝讨论，甚至话也不说。人们会批评他们为这种小事生闷气，他们一定会矢口否认。他们只想安安静静地、完完全全地把事情想通，也不想任何人来打搅他们的思考过程。他们只想清静一会儿，这当然不是什么过分的要求……

对黏液质的人来说，安全感是他们内心最大的需求，这也是为什么他们不想改变现状的原因，因为未知或不熟悉的事情有可能会干扰他们的内心平衡。如果不得不面对这种窘境，他们会感到非常不安。事实上，他们不喜欢任何干扰，不管是电话铃声还是意外访客，对他们来说，这种干扰是对他们隐私的侵犯。没有比黏液质的人更注重隐私的了。如果他们竟然愿意向你敞开心扉，透露他们的想法或者感受——他们同样有着丰富的感受力——那一定是你莫大的殊荣。如果你坚持希望——或者再糟糕一点，要求他们提供信息或发表意见，则会使他们不知所措，最终结果也一定不能令人满意。他们希望凡事都能提前告知，好让他们做好心理准备，因为不管什么样的事，对他们来说，提前做准备，才能保证进展顺利，才能获得最好的效果。

因为精力充沛、激情四溢而犯错而后悔这种事从不会发生在黏液质的人身上。他们给人一种被动消极以至于懒惰的感觉，这通常确实是他们的不足之处。而且，这种被动消极往往会走向怠惰，甚至于无所用心。如果举办一场“电视迷世界冠军赛”，毫无疑问黏液质的人会夺冠。黏液质人的这种懒病一旦加重，就和安迪·开普[①]没什么两样了。他们会四仰八叉地躺在自己最喜欢的扶手椅上，左边的桌子上堆满薯片袋、饼干盒、巧克力包、花花绿绿的糖果（揭开一层包装花纸，里面还有一层！），而右手边的桌子上，堆着空杯子、空瓶子、空罐子！下面少不了会藏满食物，应有尽有，手到擒来。他们往往身材宽实，不是因为锻炼过量，可能只是因为右手动得太勤快了！

除了吃吃喝喝，他们很少主动采取行动，主要是因为他们对自己的能力缺乏信心。他们总是谦逊，甚至到了自轻自贱的地步。最大的问题在于，他们有可能会发展出自卑情结。因此，除非他们的

① 安迪·开普（Andy Capp）：英国著名连环画中人物，以浑浑噩噩、无所事事为典型特点。——译者注

第二气质为胆汁质——最完美的世界里最完美的组合——否则，他们很少担任领导职务或承担重大责任。作为追随者而非领袖人物，他们擅长于执行命令。他们照章办事，绝不会出差错，值得信任。适应新工作或新工序时，他们总是很慢，需要很久才能接受那些新的信息，因为他们需要时间来思考，来做好准备，也许还需要演练一两次才能正式找到切合点。但就像谚语里说的大象[①]，也许他们学东西速度很慢，但却永远不会忘记。他们知道，实践出真知。如果任务难度在他们的能力范围之内，那么最终他们一定会把它做到完美，因为把工作做到极致，才会让他们感到骄傲。他们细心、认真，是一丝不苟的工作者，有追求完美的匠心，有黏液质人所特有的强烈责任感，会尽最大努力去取悦他人。

虽然在某种程度上他们缺乏想象力，但绝大多数情况下，他们非常诚实可信，完全值得人们依赖。正因为缺乏想象力和创造力，在他们身上不会发生任何形式的贪污或纵容违规的行为，因为他们是严格按章办事、遵纪守法的人。只要给他们提供相对合理舒适的工作条件，有固定的茶歇和完整的午餐时间，他们就是最有办法、最能吃苦耐劳的好员工。他们平稳恬淡的性格，使领导除了让他们去做犯罪的事之外，其他什么样的活儿都可以放心交给他们。他们总是忠诚、可靠的好员工。

那么，正如我们想到的那样，黏液质的人最适合那种重复性的、有固定模式的工作，那种最注重一个人的细心程度和准确性的工作，

---

① 指美国谚语“An elephant never forgets”，把源自希腊俗谚的“永不忘记伤害的骆驼 (The camel never forgets an injury)”替换成大象，因为大象的记忆力比骆驼更为惊人。——译者注

特别是那种能让他们按自己的步调来操作的工作。如果发生什么紧急情况，他们通常不会大惊小怪，不会冲动惊慌，因为他们完全能够在需要冷静应对的情况下勇敢站出来。当然，这并不是说他们喜欢这种紧急使命。他们只是例行公事，以他们惯有的效率，注重细节的态度完成该完成的事。他们最适合做“幕后英雄”，远离公众视野，甘于寂寞，绝对忠诚可靠。在所有气质类型中，黏液质的行为和反应方式是最容易被预测的。

你可能会认为，因为他们不善交际，木讷内向，所以难免会沉闷无聊，令人扫兴，永远见不到他们脸上会有笑容。在这一点上，可能你大错特错了，不要低估他们。如果他们选择敞开心扉，那么他们的魅力不输于任何多血质或胆汁质的人。就别说拿珍藏多年的红酒或上品麦芽威士忌来招待他们了，只要请他们吃一顿大餐，你就会发现，他们要多机智就有多机智，要多有趣就有多有趣，而且耐心十足，善于聆听。他们总是亲切和蔼、乐于助人、温柔体贴，对任何遭遇困难的人都抱有真诚的同情，通常也会给出上好的建议——当然，要看你需要不需要他们的建议了。遇到事儿，他们会花很长时间去思考、琢磨、玩味，在心里翻来覆去掂量，但却很少向他人透露他们深思熟虑的结果，因为他们天性谦逊害羞，不愿意唐突他人。他们很少会插入别人的对话或讨论。如果他们真的费心去参加什么会议，而且竟然发表自己的见解，那肯定是因为没有听到任何与他们相同的观点，也一定是因为他们觉得非要发言不可之时，不管讨论的话题是什么。

犹豫不决是他们最大的弱点。当面临多重选择之时，他们往往不知道该如何决策。因此，他们很可能会请求伙伴或朋友帮助他们

第六章　抑郁质气质

座右铭： 生命意味着真实，也意味着诚恳。

主题句： 昨天

要识别抑郁质人并非难事

以抑郁质为主导气质的人群，他们的原型符号是希腊四元素学说中最沉重的一个元素：土。我们身体中最坚固的部位是牙齿和骨头，它们的成分为矿物质，受重力的影响，很重。抑郁质人的外貌也明显带有这种气息，他们给人的感觉好像是肩负着整个世界的重量一样。他们往往又高又瘦、“电线杆”身形、动作笨拙、四肢松散、典型的长脸型、行动迟缓沉重小心翼翼。他们目光低垂、眼神忧郁、一脸正经、曲肩弓背、脚步沉重，即便在很远的地方，人们也一下子能判定他们属于抑郁质气质。

他们通常头颅较小，两鬓狭窄，面部长而精致，极有可能呈尖瘦的瓜子脸型。他们头发乌黑，纤细稀疏，而且柔软；眼睛也一样，通常都很黑，透着焦虑、紧张和担忧；面部线条下垂，与整张脸的表情一致；鼻子长而薄，鼻孔狭小。抑郁质人的嘴唇也常常显得单薄苍白，和胆汁质人嘴唇的丰厚红润形成鲜明对比。他们语速通常很慢，四平八稳，音调很低。抑郁质人另一个值得注意的地方是，他们习惯于将头偏向一边，仿佛因为头颅太重而无法挺直脖颈一样。

他们一心只关注自己的身体享受，生性内向，沉迷于思维层面的事物。现在，我们已经知道，黏液质人的性格很稳定，而抑郁质的人则恰恰相反，十分不稳定。因此，他们如此沉迷于自己的内心世界，总是易受情绪、心理状态和感情波动的影响就不足为奇了。他们举止安静、行为保守，倾向于游离于世界之外，花很长时间思考现实中的——或者幻想出来的——那些问题。

他们常常荒诞地认为他们的担忧和焦虑比其他人要多，若有人耐心倾听，他们也毫不掩饰这种看法。当然，真实情况是，他们的恐惧和忧虑并不比任何不带抑郁气质的他人更多、更复杂，只是他们的这种感觉更为敏锐而已。那些会使抑郁质人感到担忧和不安的事件或情况，在非抑郁质人看来，不过都是些鸡毛蒜皮，根本不值得挂在心上。

抑郁质的人甚至会竭尽全力无中生有，硬找出些事来担忧，因为他们时不时会表现出异于常人的行为，而且会视自身为某种殉道者，沉迷于痛苦与悲伤之中不愿自拔——并享受这种感觉。和胆汁质人一样，他们的自身意念非常强烈——超强的自我意识，往往有点过头。胆汁质的人总想着征服外部世界，而抑郁质的人则无时无刻不在与自己的内心世界做斗争。胆汁质的人喜欢在外部世界中居高临下，制定规则，又是发脾气，又是捶桌子。和他们一样，抑郁质的人也会把伙伴或朋友玩得团团转，不过是用更加隐秘的方式。他们实现目标的主要手段是博取别人的注意力，因为他们骨子里的那个幻觉——不得不说，那是他们的万千幻觉之一——让他们觉得自己无疑是整个宇宙的中心，而且也应受到众星捧月般的关注。这种态度也反映出他们有可能会发展出自卑情结，因为每个人都知道他们根本没那么重要，所以他们自然而然会觉得有必要弥补受伤的心灵。

他们最常见的抱怨——同样只是众多抱怨之一——是他们被误解了。没有人理解他们，甚至也没人有能力理解他们；他们太复杂、太“神秘”、太“特别”，他们天纵英才，其他凡夫俗子怎能理解？就像胆汁质的人往往直接外显为傲慢自大，抑郁质人通过操纵他人来表达其自我中心意识。如果有人与他们擦肩而过之时连招呼也没打，或者竟然无视他们的存在（多血质人会觉得他们太无聊而做出此举动），或冷冰冰地对待他们（感情淡漠的黏液质人常做的事），他们立即会感到受到了莫大的伤害。只有抑郁质人才会与抑郁质人融洽相处。那样最好，皆大欢喜。他们会绘声绘色地絮叨最近发生过的那些“可怕的灾难”，巨细无遗地讲述最近去看医生的每一个步骤，细细品味手术的过程，把痛苦经历的每一分钟，每一滴悲恸，每一点自伤，一丝不差、完完全全地复现一遍，然后，同病相怜，互相慰藉。

当抑郁质人又一次沉迷于无边无际的忧伤，任何试图让他们快乐起来的努力，任何打气鼓励，任何劝他们“振作起来”的善意，都毫无用处。对他们来说，这些都不会奏效，因为他们不想快乐起来，也不想受到鼓励或者振作起来；他们只是想借助这些手段——你们凡人一无所知的手段——来展现自己的痛苦，来显示自己的与众不同，从而脱颖而出。经验老到的抑郁质人会常年累月向人展示他们的命运何其多舛、痛苦何其之深，但——基本上——不会哭天抢地，因为他们很清楚那样效果不佳，甚至适得其反。他们声音低沉，音调沙哑单调，时而会假惺惺地表现出情绪激动的样子，保管让你如坠云里雾里，你要是想打断他们，或抽身离开，那有你好受的，谅你也不敢。

事实上，那是绝对不行的！在这种情况下，你唯一能选的路，就是拼尽全力，发掘你身上每一丝痛苦与对方这种实实在在的（或者想象出的）悲恸联系起来。你得把自己的原有气质和其他考虑全部搁置一边，转而絮叨你曾经经历过的（或别人经历过的）那些疾病、痛苦，要抽丝剥茧，细节全出，要多痛苦就有多痛苦，那样才行。如果涕泪横流是免不了的事，那就让纸巾尽情消耗，让手帕上下翻飞吧。几乎每一次，他们都会给足你温柔同情，动人关切，以及感同身受的理解。他们将向你提供帮助和建议，向你提供某某咨询机构的联系地址，告知你某某人可以将你的遭遇写成书籍，甚至提供杂志和书籍栏目供你咨询——无不出于真诚的善意和最纯粹、最高尚的动机。当然，你的心会渐渐融化，你埋藏在心底的，对永远在哭嚎、永远在抱怨、永远在自伤自怜的抑郁质人的讨厌，也将烟消云散。

当然，如果合适的话，请求抑郁质的人帮个忙，或者要求他们干这干那，往往是好事。因为当抑郁质的人觉得你的痛苦比他们的还要深之时，他们会豪爽地伸出援手。照护类职业，特别是医学和护理、教学、社会活动和牧师等行业，特别受抑郁质人士的喜欢。也正因为这些行业的存在，这个世界才变得更加美好。这一类职业能帮助他们克服强烈的自我主义，以及天性中带来的自私自利，因为这正是他们的本能所追求的。当我们真切地感受到他人的痛苦和苦难之时，所有人都会变得高尚起来。这就是为什么会有那么多老年人，特别是那些具有抑郁质倾向的老年人，最终都发展出善良、高尚人品的原因。他们对每一个人都怀有不容置疑的真诚善意，他们有着强大的内心力量，愿意祝福他人。

从人际关系的角度来说，所有四种气质类型都带有一定的缺陷。不管将人们归属于何种类型，因为各种各样的原因，他们都有可能会被认为“不好相处”。许多人都曾经历过那种似乎永无穷尽的悲观情绪，但大多数的时候，人们却将抑郁质人身上同样的悲观情绪视为“无趣、令人厌烦的东西”。沮丧、恐惧和绝望，永无休止的牢骚和抱怨，以及乞求他人同情和怜悯的心态，是大多数人难以忍受的。抑郁质人似乎生来只能看到生活的黑暗面，试图让他们开心起来总是徒劳。同样，试图和他们争论，或是要求他们理性思考——期望他们认识到他们对人生的看法是片面的——也是徒劳。那就好比让一个雷霆大怒的胆汁质人去保持理性一样，绝不会有用。

别忘了抑郁质人天生就是以自我为中心的，所以，不要太为难他们。抑郁质的人异想天开，觉得他们是唯一有智慧、唯一知晓事情真相的人。正因为如此，他们才如此自负，永远只关注自己，并殷切期望人人围着他们转。因此，他们也坚信自己的判断永远不会出错。在他们自己的眼中，他们一尘不染，白玉无瑕，对于其他不是灰就是黑的各等人众，他们偶尔会恩赐那么一丝怜悯。他们顽固不化、几近愚昧。他们是以自我为中心、自利自私，因而趋于内向人格，且绝不动摇的典范。他们通常不会参与到任何争论之中，至少绝不会主动发起争论。如果你想坚持说服他们接受你的观点，或者为自己辩解，很有可能出现的结果就是：有些抑郁质人会忽视你的存在，但另一些观察力更强的抑郁质人会静静倾听你的劝说，因为在他们看来，你试图劝说的努力是对他们的一种关注，这会让他们心生愉悦，让他们的自我意识得到极大满足。

“没有人能理解我！”

抑郁质的人有一种发现同类的天赋。如果你并不属于他们的“圈子”，那你的损失太大了——或者说，在他们看来你的损失太大了。他们坚持不懈、永不停歇地追寻他人的同情甚至怜悯，以及最最重要的——他人的理解。当然，人人都是如此。但他们那个死不回头的劲儿，别人比不了。他们一下子就能识破你的敷衍塞责、花言巧语，这可不是什么让他们开心的事。他们喜欢安全有保障的感觉。可以百分之百确信，正如同属内向人群的黏液质人一样，他们在任何场合都极端谨慎，时时都在关注自己的财务账户，总是在未雨绸缪——灾难一定会到来的，就算不是明天，也必在后天。

他们对安全感与生俱来的渴望和追求，使得他们讨厌任何有可能颠覆自身现状的观念或思想。他们的宗教信仰、政治倾向以及对无数事件的看法统统是一个模子刻出来的，刻板固定、一成不变。

一旦观念形成，不管在何种情况下，都绝难改变。所以，如果你想和他们争论什么，务必谨慎，千万不要指出他们在任何方面的错误，因为他们才不会感激你的好意，不管你的出发点有多真诚善良。始终牢记，从根本上讲，他们的态度是消极的，他们倾向于否定而非肯定，特别是当涉及他们的既定观点、信仰之时。在很大程度上，这得归因于他们几乎可以不计任何代价只求安稳的心理。在这一点上，他们和同属内向人群的黏液质人非常相似。

同时也要记住，不管表面上他们何等温顺、和善，也不要管他们身上那些永不减退的痛苦和惊人的耐心，在他们的内心，他们只喜欢自行其是。典型的胆汁质人提出要求时常带有霸凌、蛮横及狂暴的气息，而抑郁质的人则不同，他们会选择更微妙、更隐秘的策略。如果某个抑郁质气质的女士不愿出门去——或不愿意去做任何她不想做的事儿——她不大可能会借口“头痛”这种陈词滥调，相反，她会用更微妙或更复杂的方式来表达自己的想法，以求维护伴侣对她的同情和好感。如果她声称感到有些不适——世界上没有任何人比抑郁质人更倾向于疑神疑鬼，比如，担心自己生了大病——根本就不消说，她那些病态和症状，不知演练过多少次了。不能因为她“生病了”她的伴侣就不能自个儿出门去尽情玩一圈儿。她当然会说她也很想出门啊，去哪儿都行，做啥都好，而且相信一定会玩得很开心的，只是，她真的不想病恹恹地去扫他的兴致，等等。

这类小谎言并不会使他们平日里似乎无比敦厚的心感到不安，因为抑郁质人极有可能真的觉得自己哪里不舒服，早就在为之发愁、担忧，并说服自己相信事实果真如此。他们会忙不迭地表示自己真不想“煞风景”——却根本没有意识到自己常常就是那种人。当然了，她喜欢伴侣对她展示关注和体贴，喜欢看伴侣因失落而蔫巴的神情。而对方通过展示关注和体贴，内心那种“我完全尽到了伴侣的责任”的成就感，以及“我会照顾人、会安慰人”的力量感和不容置疑的“自我牺牲”带来的荣耀感也得到了提升。与此同时，在他自个儿外出享乐之时，他的伴侣正在家里忍受着病痛的折磨，展示出同样了不起的英勇气概——一个互相欣赏的社会必然会稳步前进！

这种不仅要折磨自己，更要折磨他人的古怪心态，证明他们的本质基本上属于禁欲主义。在他们看来，悲伤和痛苦毫无疑问对每个人都是有益的。我们都知道：不经历风雨，就不能见彩虹。鉴于此，抑郁质的人常常会渴求那种情境：有可能、乃至于必须做出真诚的自我牺牲的情境。

无论是现实中的，还是想象中的痛苦和折磨、焦虑、不幸以及苦难，他们都熟悉不过，因此，他们对遭遇这类境遇的人们感同身受，并将主动给予帮助，以求缓解他们的痛苦。毫不夸张地说，他们就是天生的慈善家、志愿救援人员、急救人员、善举响应人士、慈善筹款人及类似角色。他们是那种宁愿为难自己也要帮助他人并乐享其中的人，愿意费尽周折，去帮助、支持那些有需要的人。

将同情和慈悲心肠付诸实际行动的能力是抑郁质的人与生俱来的品质。如果他们能成功克服天生的自我主义倾向，更会将大公无私精神发挥到令人难以置信的地步，成为这个世界传递和平与善意的美丽使者。

第七章 如何在工作场所中分辨人们的气质?

利集体者，利个人

不用说，在工作场所，无论是办公室、工厂还是其他场地，人际关系都应尽量保持和谐融洽。希望在工作中感受快乐是人的天性。如果人际关系真能这样理想，那么我们的工作也会最有成效。与环境格格不入、不能及时给予回应等行为以及糟糕的沟通策略，可能会阻碍甚至破坏那些试图在同事之间保持最佳人际关系的努力。“下属”一词在工作场所不应被赋予多少实际效力，因为说到底，我们谁都离不开谁。摆架子、培养或追求“上位”，过度依赖职衔或地位，等等，其实真没什么出路。

这种为确保稳定运作而形成的相互依存的关系，以及相应的社交互动，在某些工业或商业组织中会比其他组织更为明显。有必要重申的一点是：让同事们保持心情舒畅，而不要去刺激他们总是有好处的。这就是我们需要仔细研究同事们以及你个人的气质特征的原因所在：将冲突降至最少，确保最大程度的和谐运作。正如我前面提到的，预测某人在特定情况下会做出何种典型反应的能力是衡量你对四种气质理解程度的标尺。

当然，要判断什么人适合做什么工作，在很大程度上必须要根据人们的才能来确定，无论这种才能是指体力上的还是智力上的，或者两者兼有。一个五大三粗、傲慢跋扈的胆汁质人，在猎狐舞会上仅仅因为本地一流的猎狐犬大师无意间迟到了几分钟就对其出言不逊，和一个抑郁质的“邪恶”会计，由于自身气质的原因而对其个人财务状况无比焦虑、无比困扰，乃至铤而走险，挪用公款——这两者的行为，都够令人头疼的。基于人们的基本特点、脾性和个人素质，人们就可以通过气质类型来决定哪些人适合这种职业，哪些人适合另一种职业。人们如何施展各自的优点才是最重要的。对雇主和雇员双方来说，要做到“人尽其能”，将人们的气质类型、技能和职业要求综合加以考虑，会产生非常明显的优势。

江山易改，禀性难移

同样值得再次重申的是，不管用什么方式，试图去改变一个人的气质是绝不会奏效的，那只会导致毫无必要的愤怒和沮丧，而且不管从哪个方面来说，都适得其反，所谓江山易改，禀性难移。所以别指望改变他人。这并不是说我们不能或不应该改善我们的一般行为。但从气质类型这一心理角度来看的话，我们会随着岁月的增长和经验的积累，智慧渐长，愈加成熟。我们的基本行为特征中最本质的东西不会变，即使我们能够改善它们、修正它们，越来越清楚、越来越肯定地知道我们该如何利用它们。这就得靠我们的第二气质了。

随着年龄增长，我们渐渐知道了该如何以最自然的方式来调解我们的两大主要气质，运用最合适的那一种气质类型来解决特定情境或条件下的特定问题。如果在需要时，比如应对火灾或其他紧急情况时，我们能够表现出胆汁质气质，这将对所有涉及其中的人都有好处。另一方面，如果需要应对的是纠缠不断的推销员、脾气火爆的店员、打上门来的领班时，可能就需要我们的第二气质——黏液质出马了。这种场合，胆汁质气质肯定是不合适的！记住，只要能发展出足够的自律和自我控制力，我们会发现第二气质会给我们带来诸多益处。此外，我们几乎可以凭借意志，在需要时自由运用第二气质带给我们的优势。

凭借经验和想象力，以及持续不断的实践和坚强的毅力带给我们的洞察力，我们将能够做到随心自如地运用其他两类气质所呈现的优势品质，以解决特定时段的问题。诚然，这种本领不易获得。但只要付诸足够的实践，凭借坚强的毅力，最终，我们会收获更加平衡的人格，更加协调的内外世界，这将为身边每个人带来更高的工作效率和工作满意度，我们也将以更好的方式去领导他人。

因此，如果你是一名胆汁质气质的雇主，当你需要应对突然出现的人事“小问题”时，你应该采取的策略是：如果你的第二气质是黏液质，那就动用“耐心”这一品质；如果第二气质是抑郁质，那就动用同情心和同理心；如果第二气质是多血质，那就要宽慰自己，所有一切都会过去的，保持乐观。如果面对这种情境的是一名年轻的胆汁质人，他可能会勃然大怒，大摆架子制定规范，并果断有力地开始整顿。其结果是，工作场所里可能会暂时恢复平静，但员工内心一定会愤懑不平！而一个年长的、气质已然成熟的胆汁质人，当然毫无疑问会掌控局面，但他除了抓住事件的要领，找出解决方案之外，还会动用内心的力量、善意和智慧。这样的人，由于已经获得了更加平衡和平静的态度，有望颐养天年，享享健康长寿之福，而不至因心脏病突发或中风而过早离世！

这种结局让当下这种所谓“人过四十，就是过去式了”的谬论不攻自破。相反，进入不惑之年的人才能领略到年轻人一无所知的风景。换言之，40 岁时，人生才真正开始！广告商们所宣扬的“黄金岁月”，并不在 23 岁到 28 岁之间，不然，那岂不是要一个 24 岁的肩膀顶上一颗 50 多岁的脑袋？不管是身体上还是心理上——更别提心智成熟度了——那都是不可能的，也是不可取的。相反，雇主在招聘员工时，应该多多考虑他们的气质，这样一来，就不大可能出现方枘圆凿的情况了。

人尽其才？

当然，就像气质适配程度各不相同一样，职业选项也是千差万别的。在涉及雇员品性特点时，应该牢记某些基本原则。显然，两种内向性气质，即黏液质和抑郁质，最适合“封闭性”的工作环境，如医院、办公室、商店或工厂等，他们的工作环境越独立，效果就越好。另一方面，属于外向性气质的胆汁质和多血质人，喜欢从事那种对主动性、灵活性、多面性等有要求的职业。在这种工作环境中，他们能发挥特长，应对挑战，调节气氛。回顾一下，这两类气质分别与聚合型思维方式和发散型思维方式相关。因此，我们就可以对这一大致理念加以进一步细化（见第二章）。

越来越多的一个倾向是，企业开始寻求笔迹学家们的服务，希望以此来找到针对特定职位的最佳人选。毫无疑问，人们可以从这种实践中获得非常有用的启示。笔迹风格的形成，源于平日的习惯，反映的是人的性格特点。但不要忘记，仅从定义上讲，没有任何东西比日常行为模式，也就是他们的气质类型，更能反映一个人的习惯了。要为某个职位找到最佳人选，往往并非易事。因为人的气质可能会因往后的某些不可预测的事件而改变，比如严重的宿醉症状、与伴侣发生口角、私人关系出现重大挫折、家庭成员突遭变故或离世等等。

逐一解析

人们常常会发现，在生活中扮演某种角色相当容易，特别是当某个角色与其天性十分匹配之时。另外，人们还会发现，自己会随着工作不断成长。因此，在遵守相关指导的前提下，尽快给新人传授一些实战经验，即便只是出于实验的目的，也总归是一件相当有益的事。理论上的考究当然重要，学业或技能培训常常也不能忽略。然而，只有实践才能出真知。不管其他方面的考虑如何，彻底研究一下气质的类型，对雇主和雇员都会有利。

在任何情况下，天生带有领袖气质的胆汁质人，通常都适宜于担任管理性岗位。他们通常拥有成为领班、工头、各级管理人员及顶级领导的卓越品质和有用才能。他们的主动性、直觉驱动力和坚强决心，再加上足智多谋、能一眼看穿本质的天赋，使得他们能轻松成为任何组织的中流砥柱。但他们过度膨胀的野心、强硬的作派、

更愿意社交，对其他个体的兴趣也更多一些。在所有照护类行业中，你都会发现抑郁质人的身影。因为他们能发展出最善良、最善解人意的品格，能热忱、细致地对待他人。他们对别人的痛苦和悲伤感同身受，有着惊人的感受力，内心有着为他人排忧解难的迫切希望。然而，抑郁质气质类型的年轻人则倾向于以自我为中心，容易苛求他人。经年累月的磨难——切身体验过的，或者从别处感知到的——终将打磨出属于他们的人生馈赠：深沉宽广的同理心。当然，他们对别人的宽容和同情也抱有真诚的感谢。他们隐忍、保守的天性，又使得他们对别人的轻薄、尖刻或者肤浅的行为极为敏感。

他们的守旧，以及不愿意加入闲言碎语的天性——这和多血质人刚好相反——使得他们更倾向于选择不会和太多人打交道的职业，特别是那种人际关系比较稳定的职业领域，如学校、医院或者相对较小的公司或者机构。抑郁质的人很少会对初创性企业感兴趣。他们偏爱传统、稳定的行业，而不是创新型的行业，因为安全感才是他们最看重的。那种“一干就能干到老”的工作对他们最有吸引力——养老金是绝对不能少的。如果除了养老金，竟然还能提供寿险，那么对抑郁质人而言，只怕就是世上离天堂最近的好去处了。他们是那种凡事都追求万无一失的主儿。

第八章　气质匹配之乐与愁

“比例要适当”

“气质”这个词源自拉丁文，原指“按合适的比例混合”，幸运的是，我们每一个人都拥有全部四种气质类型，而非单单一种。假设人人只有单一的气质，那么，胆汁质的人就不可能控制他们火一样迅猛暴烈的脾气，他们将永远处于狂躁之中。多血质气质的人则会像一匹传说中的野马，四处奔腾，永无定向，他们对任何东西的兴致都将转瞬即逝，结果只会让他们陷入精神不稳定和彻底的癫狂装态。百分之百属于黏液质气质的人会对世间的一切失去兴趣，对自身和他人也同样不会放在心上，久而久之，他们就会堕入永久性的愚钝或痴呆状态。而如果没了其他气质类型的调和，抑郁质的人就会走向彻底、完全的忧虑之中无法自拔，随后陷入抑郁沉疴之中。

曾有言说：“心自有明理，而人不自察。”又说：“爱则目盲，不觉有错。”诸如此等。爱尔兰人的智慧从不过时，他们认为“情人眼里无丑人”；而加勒比人也曾放言——事实也确实如此——要想婚姻成功或伴侣忠诚，最保险的方法也最简单：“那人一定不能比你好看。”像矮个儿杰克·斯普拉特和他的妻子[1]那样气质互补、琴瑟和鸣、从任何方面来看都堪称完美的配偶是极幸运的少数。多数亲密关系大多都建立在双方的个人素质、特点、癖好之上，双方在这些层面上要合得来。也就是说，相互欣赏、相互吸引、容忍和尊重等原则，以及其他有利于建设圆满幸福亲密关系的各种因素都取决于双方互惠对等的个性特点，而这些各不相同的特点都能从不同的气质类型中找到源头。

鉴于以上，及“凡事预则立”的格言启示，我有责任给出我的看法，来说明各种气质相互接近之时会有何结果。因此，我们现在面对的，是一组可能相当复杂的因素或参数，或者应该说是两组气质成分。气质类型互相结合会产生什么样的结果，大体上是可以合理预测的。但我们决不能忘记“人要好玩起来，谁也猜不透会有多好玩！”。后面我会用漫画式语言对这些内容给予非常详细的描述和刻画。当然，在诸多层面上，事实会千变万化。但总体来说，我会重点呈现气质特点的框架以及具体情境。尽管我们对气质类型造就的心理模式以及如何预测人们的反应和行为有了一定的了解，但我们必须明白，预期之外的情况会随时发生。我们无比复杂的天性中可能会潜伏着什么难以理解的东西——甚至于我们自己都意识不到它们的存在——会促使我们做出超预期的反应。

一对伴侣之间构成的（主导）气质组合有十种可能性，针对这组排列，我们只能做出大体接近的描述。记住，每一个人都有第二气质，这也必须考虑在内。同时，也不要忘记，各不相同的个性也起着非常重要的作用，更不要说他们的一般健康状况、成长经历和

① 杰克·斯普拉特（Jack Sprat），英国童谣中的人物。——译者注

受教育程度了。下述气质类型之间的匹配组合只考虑气质特点。你可能无法真正改变你的气质，但至少你应该学会如何驾驭它。这必将导向更深刻、更广阔的自我认知，这是绝对的好事。

胆汁质和胆汁质——烈火组合

想象一下，两座大火山，自最后一次爆发以来，虽然看似平静，但每一阶段都各有特点。如果突然出现什么夸张的事儿，你就知道会呈现什么样的大致图景了。通常，典型的胆汁质人平静的表面之下，总是有波澜的。他们脾气火爆，一点就着，要时刻留意他们表现出的那些危险征兆。他们呈典型的外向性格、发散型思维。如果两个人都是胆汁质气质，那双方关系时时都会有点紧张。即使两人气质上会不太适合，但如果他们人生观相近，那么他们的人生观会极大地消弭他们的气质造成的影响——这其实适用于所有人。人生观相近是非常有力的粘接剂，事实也常常如此。其他气质类型的人常常会羡慕胆汁质人粗犷、勇敢的气质。他们一旦树立目标，就会全力以赴，绝不退缩，有时甚至表现为愚蠢的固执和倔强，即使死路一条，也绝不动摇——这不是夸张。两个胆汁质人共事之时，一定要随时确保两人使力的方向一致——不然，后果就不用说了。

两人都会表现出我们前面讲到的一些特点，但当两人都要行使领导权力或其他情况之时，那就要特别用心，确保两人在就如何完成任务、履行职责义务等事项上定时交换意见，或让最适合的那位“全权负责”。因为两人都拥有极强的自我，所以必须时时注意避免陷入“你能干的，我也能干，而且干得更好”这种病态竞争。这种心态是纯粹的傻。但各种各样的竞争将以不计其数的方式呈现出来，有时候极难察觉。两人的竞争往往适得其反，又累心累神，更别提会滋生怨气。而面对挑衅，胆汁质人的容忍度极低。但是，如果他们充分合作的话，谁说山不可移，罗马城一日建不成？如果一方出现过分冲动、太有激情、攻击性太强、太过乐观或类似情形时，另一方应能察觉，并采取措施让对方冷静下来，而不是火上浇油。如果两个人都暴躁起来，那无异于一场壮观的烟火表演，不用说，只会制造更多失去理智的怒火而非照亮道路的光明。

双方都不太会有耐心，都不愿意容忍，因为两人都受不了别人的愚蠢。但是，通常情况下，并不会出现两个人都爆发的情况。当一方出现心情激动或者激烈冲动时，另一方应尽力去回想上一次两个人都大动肝火时的情境，然后试着去设身处地地为对方着想。任何时候，只要发生“胆汁质式崩裂”，施展一下同理心是我们强烈建议的，甚至是必须的。当一方咬牙切齿，批评、指责、挖苦、讽刺、嘲笑另一方时，都应避免以其人之道还治其人之身，或者以任何方式来引起对方的内疚或耻辱感。正如俗语所谓“少说两句，和好更快”。应该唤醒，并借助他们内心与生俱来的善良和慷慨来平息他们的怒火，因为绝大多数的胆汁质人记忆力超群，虽然外表好像坚硬粗砺，但在那张壳下面，他们其实十分敏感。只要你给予他们真诚和帮助，他们总会找机会给予回报。因此，当一个胆汁质人心情不佳之时，另一个人要胸襟开阔，也要大方慷慨一些。

当他们表现出攻击性行为，只要不算真正的暴力，也应该给予理解和原谅。但如果一时做不到这一点，那就只能这样了：把他们从未来的规划中排除掉，他们自会回来，悄没声儿的，或者愤愤不平的——离彻底崩溃也差不远了。到这个时候，就可以用简单明了、直截了当的语言跟他们讲规则，但切记放下你自身的攻击性。你可能需要将这种好战的冲动当作学习机会之一。或迟或早，你会把握住火候，正确判断有没有必要与之针锋相对。如此一来，双方之间的又一块罅隙就会得以弥补——所有胆汁质人的人生故事都是这样书写的。

胆汁质和多血质——空话连篇

胆汁质人喜欢为明日做计划。尽管他们对于工作也挺有干劲，但他们更喜欢掌控局面，而且也愿意等待——一小会儿时间。至于多血质人，则不管什么事，都是昨天的事。这两种气质的结合，很有可能就是又一个“炸药桶”。但一般来说，胆汁质人会占据上风，因为多血质人持久性之差人尽皆知，不管做何计划，凡是要等待的东西，他们很快会失去兴趣。然而，胆汁质人雄心勃勃，风风火火，遇到多血质人这种持续不断、涌泉一样奔流不竭的思想火花，自然会为之青眼相加。多血质人能在电光石火间权衡某个特定场景下的状况，瞬间就能做出准确判断。这种迅速获得准确判断的能力，是相当令人佩服的。他们比胆汁质人的直觉更强，而胆汁质人则能通过对更具体事项的掌控和对多种可能性的把握来弥补在这一点上的劣势。多血质人富有想象力和创造性，但往往缺乏胆识和当机立断的决心，而那正是胆汁质人最擅长的。他们常常流于表象，难以进入深刻的讨论或争辩，也许这是幸运的地方。如果他们再聪明一点，不以任何方式去和胆汁质伴侣争论什么，相反，却能拿出更好的点子来解决问题——当然只是暂时解决，那就再好不过了！

这两种气质的人天生外向，在态度和策略上都持发散性思维，因此，他们能找到许多共同点。这种气质组合有望建立成功的、充实的伴侣关系。如果他们步调一致的话，每一天都能体验到刺激、快乐和兴奋！当然了，在这个过程当中，双方免不了需要多加磨合，互相妥协让步。刚开始，双方之间会有紧张和冲突，但假设不生厌倦，那么，团结一致、稳步前进很有可能会取代那些紧张和冲突。等步入中年乃至晚年，他们内心的资源可能就不足以提供源源不断的营养来维持良好的关系了。胆汁质伴侣可能会哀叹力量的丧失，精力不继，而在多血质这一方，生活会越来越肤浅，越来越空虚。

两人可能都会怀念逝去的青春，这时候就应该为接下来的退休生活做好准备，不论是心态上，还是财务上。

胆汁质和黏液质——水火不容

初看之下，这两种气质的结合从一开始就是一场错误，注定要以失败告终，但事实远非如此简单。胆汁质人性格外向不稳定，对待什么事物都持有一种发散性思维，而黏液质人在每一个方面都与之恰恰相反，即稳定的内向性格及聚合型思维。那么，这两种气质的结合大致就是这样一种情形：要么火把水烧开，于是生出“气”和“力”，要么水把火浇灭。稍作思忖，可知这也许并不是什么坏事，假设具体情况适合上述情景的话！胆汁质的人时不时会变得，怎么说呢，有点“过热”，那么，黏液质人的克制和谨慎，就好比是一阵冷水浴，还是很有必要的。一方容易激动和冲动的性格，在另一方有条不紊、讲究策略的脾性面前，会缓和下来，这是有好处的。我们举这个例子，来说明互相对立的气质类型是如何相互补充，以及一旦产生这种互补效应，事情是如何高效运作的。

问题是，能不能产生互补效应，常常很难说。黏液质人耐心极好，步速缓慢，沉闷有如“一潭枯水”，做事的劲头比得上一只巨肥的蜗牛，很有可能会把急性子的胆汁质人惹急了。谁要阻碍了胆汁质人的事儿，他们的暴脾气准会上来，什么都忍不了的。要是换了任何其他气质类型的人，肯定也会表现出某种反应。比如，同为胆汁质的人会以牙还牙，以眼还眼；多血质的人会迅速退出；抑郁质的人会自个儿生闷气。但是，胆汁质人的咆哮和叫嚣，遇到黏液质人，大多就像鸭子背上的水，抖抖就不见了，仿佛什么都没发生一样。黏液质的人脾气好，能忍。面对这样的光景，他们八九不离十会叹一口气，意思是说，“看，他／她咋又成这样了？”然后消停一边坐着，静等暴风雨自己过去。然后，只消一句精心挑选的俏皮话，所有的阴云都会消散，两人的关系也将回到正常状态，谁也不指责，谁也不抱怨。

假以时日，双方之间就能磨合出这种宽松的相处之道，挺有效。如果双方互有善意，那么未来可期。

这种两极化的气质结合往往能使双方都受益，因为一方极为活跃（胆汁质人），另一方又在绝大多数时候极为消极（黏液质人）。黏液质人平静，办事有条理，因此把日常生活中那些不大会起波澜的事儿——比如购物或者做饭这种事——交给他们最为可靠。而不消停的胆汁质人，因为精力充沛、干劲十足，让他们去处理那些需要主动性、想象力和开拓精神的事儿，或另一方没兴致去做的那些事儿，一点都不会错的。在这种气质类型的结合中，第二气质的作用非常之大。但即便只是两种主导气质间的结合，只要给予及时、必要的调整，也可以稳健前行。

胆汁质和抑郁质——势不可当的力遇上了雷打不动的物

这种气质类型的结合，结果很有可能是相爱相杀。两个人都不是消停的主儿。区别在于，一方是外向性格，发散性思维模式；而另一方是内向性格，聚合性思维模式，但这并非全部。两个人都有天大的自我意识，都自行其是、自以为是。一方全凭血勇之气，另一方则曲径通幽，工于心计。两人都会说自己只是出于自卫，因为受不了对方习惯性的伤害（真实的或想象出来的）——然而那全是托词，说给朋友或外人听的——他们听了，极有可能只会暗想这两人真是一对儿。“早知如此，何必当初”就是听者的心声！

不过，想象一下那种情景——尽管肯定有些夸张——占据上风的，是一个天生的领袖角色，气势逼人，有如一团火球，不达目的誓不罢休，不按他的方式来，绝对不行。管他天王老子，谁也不好使。而处于不利地位的那人，同样自行其是——也是绝不妥协的主儿。但就算他们平静的表象之下满是倔强，却极富心计，善于运用策略。他们别无选择！当然，他们不会公开承认这一切，但每一天，两人都要斗智斗勇，上演战事——正如大卫与歌利亚巨人之间那种旷日持久的对峙[1]。

---

①《圣经》故事。——译者注

但凡胆汁质 / 抑郁质气质的结合，一定比这要复杂很多，那是自然。家里那位情感丰富、态度严肃、孤僻沉默、乐于奉献的抑郁质主妇，那位无论在工厂还是办公室里都任劳任怨，那位把所有时间、所有精力全部用来取悦、争取自己最心爱的、最亲近的人的心，甚至于愿意牺牲自己的抑郁质主妇，当然应该得到对方的认可。她因感情激动而声音颤抖；随时随地，她都会从什么地方抽出手帕或纸巾擦拭眼泪；嘴里的悲叹，一定会伴上涕泪，涕泪也一定预示着下一声悲叹；眼睛上扬，又红又肿。她准要哭诉，为了她爱的人，她放弃了一切：身体、心魂、所有这一切。她受的苦时不时都会展现出来，她会为自己的失态道歉，但她展现出来的痛苦，比起她内心深处的痛苦，不过九牛一毛，微不足道。她夜不能寐，在痛苦中煎熬，却丝毫不会打扰那个她深爱着的男人，一秒钟都不会。但痛苦噬咬着她，她奋力想要腾空心魂里只有她自己知道的痛和苦。但不管怎么样，绝不能让自己深爱的人也受这样的痛苦——今天不行，明天不行，任何时候都不行！

而她的伴侣，强壮、机智、勤奋、兢兢业业、专注而用心的胆汁质人，自然会发现这悲伤的一幕。多么脆弱、多么柔小、多么精致、多么可爱的女人！都不怎么抱怨！为了她，他心甘情愿放弃了那么多！——她对他得有多依赖呀！为了更高的资历，他在不知疲倦地奋斗；为了获得领导赏识，他比任何同事都更加卖力——难道这不正是他的雄心、勇气、决断力、毅力，以及坚韧不拔、百折不回的精神？诚然，当他辛苦一天，拖着透支的身体很晚才回到家里——在睡觉之前仍有干不完的业务——她的确是一个极富同理心的倾听者。她会告诉他（欲说还休！）办公室的那帮人多么可怕，当她偏头痛发作时，她们竟然在背后说她的风凉话，指责她装样子！当然了，他早知道她经常头痛。可怜的小甜心！正如她一遍又一遍告诉他的那样，自我否定有益于心魂，所以他必须尝试。当然一点不难，只需做一件事：更加卖命地工作，以获得上司更多的夸赞，向公司证明他是进入董事会的上上人选！然后，她就可以放弃自己的工作，享受更好、更快乐的生活，少一点压力，少一点烦恼。她的忧郁症将从此消失，她将恢复到两人刚见面时那样良好的健康水平和精神状态……

多血质和多血质——有什么新鲜事，小猫咪？

这样一种关系，除了“缥缈仙境”，还有什么词可用来形容呢？我们前面已经提到，多血质人对应希腊四元素说中的“气”，因此我们就可以把两个多血质人的结合比作两只蝴蝶翩翩起舞于花丛之中。毕竟，他们都有着蝴蝶一样“不安分的心”，生来就想御风而行，一忽儿想来这儿，一忽儿想去那儿——至于两个多血质人的“缥缈仙境”，还用多说嘛！一切都将甜甜蜜蜜、流光溢彩，不是吗？

呃——不是的，不完全是。世界上没有完美的事物，尽管许多多血质人可能都在心底藏着一个理想主义者的梦：也许——当然仅仅是也许——他们两人比任何别的人都更接近完美吧。汤姆专横霸道，傲慢无礼；迪克只在乎物质财富，所谋不过稻粱；哈里就是个落魄鬼，满腹牢骚；而我呢？外貌俊雅、气质出众、活泼有趣、聪慧迷人、善于交际、无忧无虑。所以，如果两个多血质人结合，那根据算术法则，就意味着优良品质翻了一倍。幸福也要加一倍。不对吗？呃——不是的，不完全是。难道你们双方，从来就没有对另一方产生过那么一丝丝——原谅我这么大胆——厌倦？你不想讨论这个问题？

那么，我们接下来就有话可说了。没什么东西能够破坏这种完美的和谐，但假设两个人在同一时刻产生了不同的想法，或者在不同的时刻持有相同的观点，或不同的时刻持有不同的观点，却绝不会在同一时刻拥有相同的观点呢？在一个只有两个人互相欣赏的社会里，就很难保留多少回旋余地了。如果两个旋风同时爆发，什么事情都可能发生。毫无疑问，这是二人世界中持续盘旋的一个大问号。两个脾性都不稳定，两个一样活泼善变、想一出是一出、任性爱自由、难以预测、变化无常的伴侣，不管别的方面怎么样，一定很难好好相处，而这一切都是他们自己造成的。是他们的气质类型决定了这种结果。

根据每个人所拥有的第二气质，两个人之间不仅有可能会爆发无数次意见不合或小吵小闹，而且也有可能会气得七窍生烟或雷霆大怒；他们或者意志消沉，赌气噘嘴，或者闷闷不乐乃至冷战，或者漠不关心，爱搭不理，甚至出现攻击性行为或拳打脚踢——我们在前几页中已经提到过这些特点了。

当然，甜美的好时光也是不会少的。随着年岁增长，从人的成熟度以及阅历的深度上来讲，美好的记忆会越来越多。逐渐地，在他们天生的个人魅力之中，会加入更多美好的品质，诸如优雅、风韵、娴静、光彩和精致，甚至于风度和尊贵。他们永葆着自己最核心的魅力：活泼热情、精力充沛。他们会将自己卓越的社交天赋以及对他人感受及需求的敏锐感知施加于所有人。凡他们所到之处，气氛必然会变得活跃起来，总会有人追随其后。他们受欢迎的程度怎么说都不为过。多血质也许是最难驾驭的一种气质类型。不管是自己还是别人，特别是当自己最亲近的人拥有这种气质时，多血质既是天赐的幸福，又是沉重的负担。

多血质人性格外向，思维发散，他们的世界几乎全被外部世界占满了，因而内心世界的发展往往十分不足。他们通过一边倒迎合外部世界的需求和吸引来弥补内心的缺失，但从长久来看，这并不会产生令人满意的结果。这意味着，他们的内心生活一片贫瘠荒凉。而内心的丰盈只有通过不断反刍往事，深刻思考人生意义才会获得——这在他们的世界里几乎不存在。更别提因此而导致的具体切实的问题了。多血质人唯一稳定的特点就是他们骨子里的不稳定性。因此，他们的第二气质具有非常重要和关键的作用，因为第二气质能弥补他们不稳定的缺陷。此外，这也说明，我们不可能就两个多血质人的结合给出明确的定论。基于关联品质互相兼容的理念，而这些品质的特点，正如“气”本身一样变化多端，因此精进之路绝非易事，但如果两人同心相向而行，那么几乎可以确信，他们的进展一定会非常喜人。

多血质和黏液质——泡泡

如果说这两种气质的结合意味着两人会花大部分时间一起“向空中吹泡泡”可能有点夸张，但不管怎么说，这两种气质的结合很有可能会是非常般配的一对。它们的基本构造和组成都很稳定：多血质人的不稳定性是个常量因子，而黏液质人，从气质类型的角度来说，则在很多方面都比任何其他气质类型更加稳定。在有些方面，两人是两个极端：多血质人外向，发散型思维，而黏液质人内向，聚合型思维。此外，他们非常关注当下发生的事情：多血质人非常在意心理或精神状态，而黏液质人则更愿意关注切实的、物质层面的事物。

差不多在所有方面都与黏液质人恰恰相反的多血质人，在选择伴侣时最好选择那种真正能搭伙的人。缓慢、稳定、耐心、有条不紊的黏液质人——尤其是男性黏液质人——能够有效地平衡多血质伴侣的那种“脚不沾地”的轻飘飘的状态。她会陷入狂热，飘浮于各种异想天开的幻象之中，耽于奇幻和神思，欲做彩云之上的仙子，但心里却非常明白，那个坚定可靠的男人，就算有点沉闷迟钝，肯定会再一次接受她，迎接她平安回到现实。她可能会开心地觉得，那个男人心里只有她一个。面对她在某些事情上的任性胡闹，他总能宽容接受，那是因为他对她的感情坚如磐石。事实有可能确实如此。

但如果她想要弄明白他那颗看上去糊里糊涂的大脑里到底在想什么，她应该稍稍停驻片刻，仔细想一想。他之所以如此宽容、如此大度、如此仁慈，愿意理解她，到底是什么原因呢？真相是，他对身边发生的很多事情——很多很多事情——都全然不放在心上；只有他想要关注的事情，他才会用心，因为他有着仅凭意志力就“关闭”周围世界的魔力——甚至于熟视无睹！而她，活泼、警醒，对每样事物都很感兴趣，思维老在跳跃。她可能会忽然停下来，想起他，心里升起一丝柔情；当她哼着小调从他身边经过，她甚至会在他嘴上满怀深情地啄上一下，而他，坐在最喜欢的扶手椅里，心情平静，不为所动。她有得是花样。当然了，她也怜惜那个可怜的黏液质爱人，不知道他是怎么忍受她那些鬼点子的。

他总是会原谅，绝不抱怨。他不在乎她的奇思妙想，只是埋头做事，不受制于她的情绪起伏，也不计较那些鸡零狗碎，心里明白或迟或早她会变正常一点。

很大程度上，他会选择性地关注某些事情，把其他的过滤掉。他小心地辨别哪些事情会永久性地留下来，哪些会转瞬即逝，哪些是人生中的大事，而哪些又毫不重要。家庭财务大权最好由他掌管，因为她很清楚管理支票簿和信用卡这些事儿是他的强项。如果她想买件新款的时装或性感的睡衣，只需施展一下女性魅力。过不了多久，她就知道该怎么驾驭他了。但当她觉得他铁了心要做某件事，她明白最好还是别强求，因为一旦他下定主意，那什么都改变不了他。倒不是说他不可理喻，不愿意听从别人的严肃建议。相反，只要资金不太紧张，他通常十分慷慨，也不会抠门——在周末采购途中，如果他在熟食柜台前走走停停，踌躇徘徊，她自然会明白是怎么回事。

当然了，如果男人是多血质，而女人是黏液质，那么他一定会对这种地方厌倦至极，而她却会被那琳琅满目的美食迷得神魂颠倒，心里明白那个男人只想急吼吼地冲到酒水区去搜寻自己喜欢的东西。他会折回来，看她仔细挑选、认真检视那些美食，心里非常清楚最好不要打扰，因为她肯定也会考虑到他的口味，下一周的伙食，肯定还是丰盛滋润，惊喜不断。或许他真是性格外向，待人亲切，但她心里明白，他嘴上说的晚上要去和那帮臭小子打网球或高尔夫，可是，那么多个晚上，真的都是去打球的？

如果考虑得足够周全，那么这一对看似不大匹配的伴侣事实上会平衡得极好。他们之间最有可能发生的摩擦和分歧，无非就是黏液质那一方为了一些鸡毛蒜皮的事儿钻牛角尖，或者多血质那一方一副万事不挂心上的模样。而且他会拿捏分寸，知道什么时候对方会爆发的，因为如果真惹毛了，那兔子也会咬人的。如果他没点眼力见儿，读不懂暴风雨的迹象，那么结果有他好受的！但是，多血质人非常敏感，能见微知著，反应也灵敏。因此，在他们的关系中，多血质人因怀有同情心和真诚的同理心，对另一方的关心一般不会少。任何时候，在任何联结关系中，第二气质都起着非常重要的作用。在我们正在探讨的这种关系中，如果多血质人同时拥有一些抑郁质气质，而黏液质一方又拥有胆汁质气质，那结果是最可怕的。

多血质和抑郁质——霄壤之别

这两种气质的结合，在任何一个层面而言，都是两个极端。多血质的外向性格和发散性思维伴随着的——在很多方面，其实是相对立的——是抑郁质人的内向和聚合型思维模式。无论这两类气质结合的契合度如何欠缺，他们仍能从各自对立的状态中获益良多。多血质人的轻狂、任性、古怪，在抑郁质人的沉稳、严肃、保守面前一定能找到平衡，而这当中，双方各自的第二气质再次起着关键的作用。

如果多血质人最喜欢的乐队正在邻村出演，而那位抑郁质伴侣却死活不愿放下还没有读完的书去观看，那双方肯定会起矛盾的。前者会怒气冲冲地摔门而去，但就算闹了不愉快，他仍将尽情欣赏美妙的音乐会，大半夜时才回到家里，满心激动，兴高采烈，急着要把整个美妙过程告诉对方；但是，当他怀着一肚子的好意，却发现客厅里空空如也，卧室门死死锁着。就算他一遍遍乞求里面的人把门打开，回应他的，要么是大声哭泣，要么就是一片死寂。他只好去另一间屋里将就，满腹郁闷和愤恨。而第二天早上吃早餐的时候，那位抑郁质伴侣，如果竟然再次出现在餐桌前，不是哭哭啼啼，就是怨气冲天。而那位多血质伴侣，不管当时有多愤恨，有多恼怒，到这当儿，为了家庭的和谐以及双人床的温馨，还是会选择原谅。到了当天晚上，冰雪融化的迹象极有可能就会出现。多血质人比任何时候都更殷勤、更体贴，而抑郁质人虽然忸怩作态，但比啥时候都急切——这次也许会说点软话。

上述令人厌倦生烦、头疼难缠的小心计，和紧张不安、气冲冲的情景肯定会不时发生，至少在配偶的棱角还没有完全磨合，谈判没有完全达成一致，配偶之间的罅隙没有彻底弥合之前会不时发生。当然，许多伴侣会觉得弥合裂缝带来的快乐，胜过制造隔阂的争吵。但不管怎么说，那也是一种投机主义——如果算不上冒险主义的话。当这位多血质伴侣被这位抑郁质爱人的变化莫测折磨得心如死水，厌倦到了极点之时，很有可能会选择从家里逃走。而当这位抑郁质伴侣同样被那位多血质爱人的轻狂浅薄折磨得心如死水、厌恶至极之时，很有可能会诉诸法律途径。

多血质人和抑郁质人都有一定程度的神经质，从他们的行为以及个性问题上就能很明显看出。多血质人活泼、冲动，甚至于把一切都不当回事，更有可能会从家庭之外的事件中来寻求解脱，也有可能会离家出走。而抑郁质人的思维模式和态度一成不变，更愿意待在家里以寻求安全，对外面的世界充满担忧乃至恐惧。因此，这在很大程度上是勇气与恐惧、冒险与保守、反应敏锐与顽固执拗、灵活与死板、乐观与不断涌现的悲观、希望与不可消除的绝望之间的冲突。

多血质人的行事方式很难对付，而抑郁质人的行事风格同样令人头疼。我们必须指出，拥有这两种气质的人很难找到什么共同话题。因此，我们又回到了那句古老的谚语：江山易改，禀性难移。豹子身上的斑点会随着时间推移而改变吗？在这两种气质的结合中，双方都不大可能为对方做出改变。同样，必须考虑到两个影响因素：其一，第二气质；其二，岁月的力量。这对于两人气质的成熟和发展都非常必要。他们除了祈祷各自的气质组合能“恰如其分”，从而帮助他们建立持久的幸福和成功的伴侣关系之外，什么也做不了。

黏液质和黏液质——半斤对八两：难得的一对

这种结合可用一个公式来表达：$\frac{\text{惰性}}{\text{惰性}}=\text{惰性}$，因为根据自然法则，种瓜只能得瓜！

两人性格都很稳定，属于内向聚合型思维模式，因此，在某些方面缺乏平衡，但正如之前提到的（从第五章起），他们能够找准自己的定位。正如液体可以通过流动来找准自己的平面一样，这是一种可以有效补偿的特性。这可能能够解释人们对黏液质人的普遍看法：性情温和、头脑镇静，也许有点走路拖沓，脑子却绝不会“拖沓”。

抛开玩笑不说，这两种气质结合有望成就最稳当的伴侣关系，也有可能成为“静物”画的绝好素材。在学校里，他们早就习惯于被戏称为“胖墩”“小猪”“肉团”等等——可他们会在乎吗？如果受欺负的那位的第二气质恰好是胆汁质，那嘲笑者最好当心点。但是，长久以来，这类圆滚滚、矮乎乎的胖子总是乐呵呵的，因此，如果人们认为黏液质人沉闷无趣可就错了——那不过是表象而已。有时候这反而比较符合他们的希望，因为这样一来，人们就不会来打扰、烦他们，而他们最不喜欢那一套。千万别“缠”着他们，最好也别和他们争论！

这样一对人当然也很明白这一点。因此，他们之间的沟通少之又少。当然，也不能完全排除双方会建立一种“心灵感应”，如果他们的关系是长久、稳定的那种，尤其有可能。

一方的消极叠加上另一方的被动，那么结果会是负的，因为在黏液质世界的运算模式里，负负并不得正。要让这样一对组合和谐相处，最大的希望在于他们各自的第二气质类型。如果他们的第二气质是多血质——事实也常常如此——那么，自然而然会产生一种令人愉快的节奏，像呼吸一样自然的生活情趣，体现为漠不关心 / 兴致盎然、离群索居 / 热衷社交、口若悬河 / 沉默木讷、消极被动 / 积极进取等各种极端之间的不断交替。如果两位伴侣都拥有这种第二气质，那就更好了。如果两人的第二气质同为胆汁质，那么很有可能会产生相同的结果。

如果一方或两人的第二气质是抑郁质，那么场面就会变得更加有趣。除了黏液质人随和的脾气、稳定的心态、极度内向的状态，随抑郁质而来的，还有明显的“自我中心主义”。这很可能会导致产生某种阴郁的倔强，而且可不仅限于一方会拒绝告诉对方新买的巧克力饼干到底藏到哪里了这么简单。在所有“你的就是我的”的情景中，这种倔强都会展现出来。纯粹的黏液质人或黏液质 / 多血质组合很有可能会——在一定限度内——一次又一次地选择退让。

他们表面上十分平静——但静水流深——很多人错误地认为他们是那种“受气包”。当然了，这两位都很明白这一点，而且早有准备。他们很少会陷入互相攻击的境地——那根本就不值得。比如购物，该去哪里，往往是第一个开口的人说了算，因为另一方最不想为这种事费神思考，既然有人做了决策，最好不过。

英雄所见略同——然而，蠢货也绝对没啥不同；至于下一顿饭什么时候去吃，甚至下下一顿，他们的意见毫无疑问完全一致。

他们的家会收拾得十分温馨、舒适，散发着生活的情调。当然了，也只限于正常水平上的整洁干净，家居结实，装饰耐用，却绝不会追求时髦。他们都是真正爱家的人，因为家庭才是他们最想花时间去美化的地方。

他们热情好客，但客人上门之前，最好还是提前打声招呼。这样一来，他们会做好欢迎准备，提前多备一点好吃的，比如巧克力饼干什么的，如此，这两位爱家人士就不会感到待客不周，以致良心不安了。就算观点褊狭片面，也无所谓。除非你说了真正要命的话，要让这一对中的任何一个生点气还真不易；要让他们发出怒吼，可就更难了。但是，要仔细他们发出的信号，比如声若蚊蚋的叹息、拖曳沉重的脚步、不停看手表的动作等等——时间不早时尤其要在意这些，因为他们作息规律，绝不容破坏。

黏液质和抑郁质——“水桶上有洞，越修越忙”

这两种气质的结合同样不大可能：一个性格稳定，内向；而另一个一点都不稳定，同样内向；前者万事不放心上，得过且过；后者自我比天大，却又悲观消极。因为这两种气质结合，前景不会非常理想，所以我在此只简单说说。这两位都不知激情、刺激、社交生活为何物。他们唯一关心的，只是自己的隐秘世界，对方近不得，别人也近不得，要他们敞开心扉，除非有什么特殊的理由。很有可能，他们的生活将处于毫无公平可言的挣扎之中，但也许他们能意识到的不公，比起无意识中制造的不公要少很多。那位以自我为中心、待人苛责、自私自利的抑郁质人于不知不觉中就会把那位性格平和、耐心、不爱出风头的黏液质人掌控在手心里，让他或她对自己俯首帖耳。

毫无疑问，这是最悲催的情境了，然而这种情况比比皆是。在这种气质组合当中，双方的第二气质同样极端重要。我们前面已讲了很多，读者可大胆想象。但所谓第二气质终究是第二气质，主导气质势必呈现更强烈的态势，特别是当两人之间出现了可用来操纵对方的机会，不管是隐含的还是直截了当的，对另一方的操纵就必然发生。这在抑郁质伴侣身上尤为明显。令人沮丧的事实是，我们每个人在处理人际关系时，在骨子里都是自私的，我们每一个人都有着骄傲的自我，我们每一个人，或多或少，都在寻找维护自我的机会。排在第一位的，总是占据主导。数学中的“一”排在最前面，气质中的第一也最重要。

请想象一下，如果愿意想象这样一个场景的话：一个抑郁质男人和一个黏液质女人结成的伴侣关系。男人的表现，最糟糕的时候，要么大发脾气，喋喋不休，要么浑身是刺，逮谁骂谁。表现最好的时候，要么牢骚满腹，情绪低沉，要么就神经兮兮。他很少会改变自己，或展现天性中的美好，即便对自己最亲近的人也一样。而女人，傻乎乎地以为给男人送上各种好吃的、为他做各种事，或其他表现，就能取悦他了。她终究会明白——也许明白得太迟了——那都没用。冷漠，也许是黏液质人最大的弱点，很可能会逐渐体现出来。渐渐地，她会越来越自我，更愿意按自己的方式行事，让自己过得舒服；反正，不管她做什么，或想做什么，只能得到对方的批评、指教或者讽刺，又何苦呢？虽然一般情况下，她不大会发火，对别人的挑剔也不怎么放心上，但内心的积怨会越积越多，平时的那种平静和自制会变得越来越脆弱。

灾难马上就会爆发。那个大多数时候极为敏感、隐忍了太久、脾气温和的她，那个用尽一切手段想要取悦他的她，会发现不管她做什么，都没有结果。而那个自我意识比天大、想尽一切办法为自己争取优势的男人，最终会把她逼入绝境，让她觉得无从逃脱。在他的压榨之下，她觉得自己这也不好，那也不行，活脱脱一个失败者。或迟或早，她会像洛瑞•李（Laurie Lee）的小说《罗西与苹果酒》（*Cider with Rosie*）里的Spadge一样“受够了”。那后果很可能会把人吓死。那位曾经和蔼可亲、性情温顺、举止优雅的女人变成了一个可怕的、甚至会拔刀子的野兽。这种情况当然有点夸张，但完全有可能真的发生。因为所谓的“激情犯罪”都是在这种情况下发生的。

黏液质人特意去伤害他人，挑衅惹事，或者用任何其他方式去占便宜的可能性很小。他们不喜欢沉闷的环境，更喜欢四平八稳、波澜不惊的生活。他们讨厌任何形式的不愉快事件。为了逃离这种境地，他们会用尽所有办法。如果不是真的被逼急了，他们也不会弄到鱼死网破。而她那位抑郁质的伴侣，哪怕她只是表面上对他冷漠一些，也会气得跳脚，因为他的自我如此之大，必须无时无刻地受到呵护。如果对方没有立即给予殷殷关怀，他会觉得被遗弃了，被忽略了，甚至被否决了。上述这种情况，从他的狭隘心胸来看完全不能忍受是可以被理解的。但通常，抑郁质人发火的门槛都不怎么高，他天生的占有欲会激励他不断地索取，只要能索取点什么，就一定不会放过。几乎可以肯定，他会越来越自闭，滋养内心那些真实发生过的——更多只是想象出来的——埋怨和仇恨，并一遍又一遍地在脑海里重放，培育、放大这些埋怨和仇恨。

迟早他会表现出抑郁症的症状，因为他无法做出任何改变。而他的那位黏液质伴侣，面无表情，越来越冷漠，绝不会改变她的行事方式，在他看来，这是对自身安全的一大威胁。他感到不安、多疑、焦虑。这一切到底是怎么开始的？为什么她如此没有感情？她有什么诡计？她内心到底想干什么？她真的值得信任吗？诸如此类的自我折磨无穷无尽。而当她终于火山爆发之时，他感到震惊，根本不知道自己才是那个从始至终不停折磨她的人……

抑郁质和抑郁质——蓝月

从匹配度来讲，所有气质组合当中，这一组合毫无疑问是最有趣的组合之一。两个人基本上都属于内向性格，都具有聚合型思维，不稳定的个性特点，几乎一定会遭遇不少个性上的问题。这种情况不可避免地表现为人际交往障碍，且关系越密切，障碍越严重，因为双方内心所持观念都一样：他或她所受折磨远非任何人能够想象或者理解。因此，比起其他气质类型的人，抑郁质人对待他人时更为敏感，更富同情心，也更温柔。在他们的内心深处，他们明知这一点。然而，不幸的是，他们希望其他人同样具备这些品质，并能以同样的善意来对待他们，当这种期望落空之时，他们会陷入悲伤和失望。

人们可能会认为这种说法有点太夸大。当然，这样的人生态度，不宜一言以蔽之。事实上，它们会在特定时间段，根据具体的情境或情况一点一点展现出来，是那种零碎的、不整齐划一的展现。例如，他们会费巨大周折，克服各种不便，去减轻马路对面的老太太的痛苦，却忽略身边最亲近的人。他们的热心肠会换来他人的感激涕零、赞赏感叹。他人眼里诚挚的注视，对他们无私忘我精神的崇高评价，他们当然会开心地笑纳。他人的认可，可以证实他们确实是非常特别的人，他们的自我也因为得到尽情呵护而流光溢彩。

在其他不太显著的品质当中，少不了抑郁质人的自我满足感和内心的骄傲。他们内心期望成为关注的焦点。如果有人指出他们的这种倾向，他们会竭力否认。但因为他们通常比较低调，也不会咄咄逼人要求他人以自己为中心——至少一开始不是这样——欣赏他们的人往往会忽视这种隐秘的心思。抑郁质人内心清高自负，认为自己无可挑剔，绝对正确，高高在上，幻想着自己应该受到他人无微不至的照顾，并认为这是理所当然，常常也不会有任何感谢的表示。

如果他们情绪低落，陷入沉思，或当他们软弱无力，无精打采，筋疲力尽，他们会发现完全无法振作自己。做一顿晚餐、早上正常去上班、打起精神来这些事儿全是不可能完成的任务。他们觉得家人和朋友应该一齐向他们献殷勤，应该把全部心思用来关心他们，仿佛那是家人和朋友应尽的义务。

因此，当两个抑郁质气质的人结合在一起，就会产生无数种可能。要么两人互相欣赏，要么是一对凄苦冤家：满肚子怒气、永无休止的抱怨、牢骚、龃龉、批评、否定。令人欣慰的是——如果这个词竟然能用在这里的话——这些都是很极端的情况。常常是，双方的第二气质会缓和这种极端的矛盾。必须永远记住，抑郁质的人，往往对自己的缺点视而不见，这一点也许比任何其他气质的人都严重。必须认识到的一点是，他们都是以自我为中心的人，不管这一点明显不明显；他们永远不会停止的真正追求是别人的理解和关注。他们对安全的需求如此强烈，以至于他们需要不断地、用各种各样的方式向自己证明，自己是安全的，这个世界上的恶魔都近不了自己。

他们折磨自己的能力大得出奇。好像他们不用什么方法来折磨自己，就不能真正感到自己的价值一样。因此，一对抑郁质伴侣会时常互相折磨，或者为折磨而折磨；他们——我不得不说——很少会放过互相折磨的好机会。仿佛他们内心强烈希望受苦；也许我应该说，在某些极端情况下，如果不让他们受折磨，会让人产生一种愧疚感。当痛苦来袭，他们会尽情享受。就像卡通画里刻画的典型英国人一样——即使下着大雨也执意要去海边度假——抑郁质人追求痛苦的决心绝不会变，即使快乐就意味着要经历痛苦。

无论是有意还是无意，他们都能给对方带去更多痛苦和悲伤；他们会一起品味磨难、忧伤甚至折磨，为对方而痛苦，因对方而痛苦。至于他们会不会欣喜地接受老年的到来，也完全要看他们自己。往后的日子比之前更忧伤，但至少他们会变得更睿智。而他们非常善于将这种人生智慧传给下一代人。从长远来看，他们的人生少不了幸福和个人的成长。由于经历了太多苦难，几乎可以肯定，他们会打磨出更有魅力的人格，他们在社会中的角色，不仅会给自身带来益处，也有利于整个世界。

第九章　爱——我们的永恒追求！

从某种意义上讲，我们所说的特定气质的典型特征，可以比作我们所谓的心理“卡片”。我们在玩心理“卡片”时，并无多少个人见解，纯粹只是通过这种游戏来测试我们的人际关系和大体的社交互动性等。那么，我们想问一个有意思的问题——如果之前还没有问过的话——在我们玩过的这些气质或个性测试卡片中，与我们个人相对应的那些解读都意味着什么？我们的气质是凑巧形成的还是因缘前定？是命运安排还是造化运作？是天意弄人还是别的？我们与生俱来的样子，以及我们现在的样子，到底是什么造就的？

科学家们嘴里那些高深莫测的基因、染色体、DNA链等仿佛在决定我们的行为。按他们的说法，正是这些东西构成了我们的人生“蓝图”——一张图表或预先早就安排好的人类机体构造。自然本身极为复杂，我们何以成为这样的自己绝无简单答案。

如果科学家告诉我们，我们之所以是现在这样，完全受基因的控制，不多也不少。那么，他们想得太简单了。和我们一样，科学家也很清楚，尽管遗传是决定我们每个人个体组成的主要因素，那绝非事实的全部。如果真有这么简单，那么同一父母的孩子应该相差无几，正如同一根藤上的豆子也相差无几一样。然而事实远非如此。

毫无疑问，现代科学家极富智慧，但他们似乎有些太过沉迷技术王国带来的成就了。他们雄心勃勃，想要用科学来解释与自然有关的一切，然而，我们不能忘记，从技术的角度来说，我们也只是大自然的一部分。这方面的例子包括：将人类大脑比作高度复杂的先进计算机系统，或将人类的神经系统比作精致的图形网络，或将人类的消化系统比作某种内燃机，或将我们的心脏比作泵等等。而这，实际上是将我们人类拉低到了模拟机器的水平——一台需要通过适当的药物来维护的机器——当我们的器官生病，需要通过所谓“更换零部件”手术来修复的机器。生物技术和遗传工程等术语已成为我们挂在嘴边的日常术语。换言之，一些科学家认为，我们人类的构成，除了身体，别无他物。我们只是一部由活体物质形成的、极其复杂的机制——终归只是一个机制而已。

但是，我们的心魂与精神（如果有）去哪儿了？

像心魂与精神这样的字眼，已在不断消亡，因为它们不再有任何意义。但它们的确曾经意味着些什么，也曾代表过生命的现实。但是，介于魂与灵之间的神学家和心理学家成功地将它们贬低到了一无是处的地步。人们认为，我们现在所感受到的一切都是完全基于身体的运作而体现出来的，而我们时不时迸发的宏伟理想，则不过是大脑褶皱发出的一阵阵莫名其妙的动作造成的。即便生命本身也被广泛认为只是从有机物质而来的（有如蜡烛上腾起的一束火焰），随时都会被掐灭，然后永远地消失。

这些概念，绝对只在现代社会才有。但是，我们都生活在两个世界里，这是一种非常普遍的体验：其一是由我们的思想和感情组成的内心世界，是无形的、不可触及的、私密的、隐蔽的，我们的五官绝对无法感知的；而另一个世界是通过我们的感官可以感知的外部世界，是可见的、有形的、面向公众的、所有人都能看得见的。

然而，我们对历史的回顾越深刻，就越能明白：直到中世纪，那些人眼未曾亲见的自然现象在当时的人类看来，不仅与亲眼能见到的并无差别，而且被认为是真正能代表事物真相的；而人眼看到的，却只被视为真相的辅助，因真相而存在。换言之，这两个世界分别代表着不同的东西：一个代表着精神，另一个代表着物质。我们的祖先认为，物质是“精神不动”之时的形状，因此，其本源在于我们的感官无法触及的未知世界。实际上，精神和物质在本质上是同一回事。

这大约是当时人们对自然的总体认识。而从人的本质而言，我们的先辈相信，人在两个世界里均是切实存在的：一个是不可改变的精神世界，一个是短暂的、多变的物质世界。从这一点可以很容易地推断出，灵性世界的一切都是永恒的，因此不会衰变和死亡，这与物质世界的一切恰恰相反。因此，从这个角度来看，人类有理由认为自己是由两种主要因素组成的：永存不灭的精神和终将消亡的肉身。如今，人们别无选择，就算人们不接受永存不灭的精神，也不得不接受后面这种肉身凡胎的主张！

到目前为止，我们已经讨论了精神和身体这两方面的问题。人们认为心魂是来自“上面的”精神与来自“下面的”物质之间互动产生的。当然，并非每个人都会同意这些观点和主张。也许，考虑到我们每个人都是父母生育的，以各不相同的比例继承了父母的基因。配备了这些之后，我们就被送入了世界，接受那些在我们的成长过程中，在融入社会的过程中，在教育和培训过程中施加给我们的影响。

之前我有提到，不管我们的主导气质是什么，也无论我们身上具备什么样的基本特点，我们的主导气质是出生之前就已经确定了的。这意味着我们不具备选择这种或那种主导气质的权力。那么，问题来了：这是机缘凑巧还是上天注定？我们所拥有的特定的气质，是被什么强加给我们的吗？我们只是基因卡片游戏的牺牲品吗？我们莫名其妙就被置入这个气质陷阱，只是因为上天掷了个骰子吗？

有唯物主义倾向的读者可能会这么认为。但其他人（也许是大多数人）可能会认为，如果说我们的一切仅仅是机缘凑巧，我们只是环境的产物等等，有点不太对劲。如此一来，结果就变成了：人心惶恐不安，许多人开始责怪上帝或魔鬼，或开始抱怨运气不好，或者抱怨父母或任何别的人或事。自己陷入某种境况，能怪他们自己吗？能感谢自己吗？为什么要怪自己？凭啥感谢自己？这样的思考不会让人心安，也不会让思维沉静。对许多人来说，问题依然存在。

转生的概念真有那么难以接受吗？

世界上有很多人相信这一次生命只是无数次生命中的一次，这一世只是无数次转生轮回中的一次，接下来，还会有无数次。转生轮回的概念在西方并不特别普遍，但必须指出的是，越来越多的人开始接受这一概念，并认为这是一种可信的、合理的概念。物质容易毁灭，但精神长存；根据这一理念，如果人由物质和精神共同构成，而不仅仅是物质之身，那么，人死后仍会以某种形式存在——人出生之前也带有往生的种种迹象同样可被证明——是确定无疑的，绝非某种单纯的信仰。相信死后仍有来生的人们一定相信也有前生，这是简单的逻辑问题。如有无死（deathlessness），也必有无生（birthlessness）。世间有如此众多的语言，但能派生出“无生”这一概念的词汇却少到令人痛心，而人们心目中的永生也只限于那种狭隘的理解——无死。在整个西方世界里，完全缺失人类的“精神”或“心魂”在受孕之前就已存在的观念。但同时，西方人却普遍将“人死后灵魂仍将存在的观念”视为信仰，甚至于事实。这实在有点离奇。显然，这迎合了人们的“自我中心主义”，因为人们都强烈地希望自己死后仍将存在。所谓“心魂”——或任何其他形式的存在——如果被人们视为具备了永生的属性，也就必须被视为永远具备这种属性。这是无可辩驳的。为了维护正常的逻辑，任何相信死后还有来生的人，也必须相信它的对立面，即人有前世。相应的，人类的语言词汇中欠缺的另一个词是“未生”（unbornness），也就是说，某个“前存在”（pre-existence）状态。如果要严肃对待“永生”的整体概念，那么就必须平等对待“无生”和“无死”这两个词。把所有这些因素全部加以考虑的话，我们就不可避免地得出这样一个概念：转世轮回，或者说不断重复的肉身凡胎。但这与其他有争议的或一时兴起就给出某种看法的情境类似：“求汝欲求，毋怪他人”（you pays yer money and takes yer choice）。关于转世轮回说，以及如影随形的因果（即所谓业果）之说有何利弊，虽然极为有趣，但限于篇幅，这里不便展开细论。

与这些元素密切相关的，还有另一种观点：人不仅拥有固态的肌肉和骨骼——肉眼可见，触手可摸，同时还拥有其他意义上的“身体”或“载体”，而且不少于三种——无形的、不可触及的某些原则，是我们平常的五官绝对无法感知的：

表 5　气质类型、元素及载体之间的关系

元素	载体	气质
火	自我身 (ego 或“我”)	胆汁质
气	星辰身 (astral body)	多血质
水	以太身 (etheric body)	黏液质
土	物质身 (physical body)	抑郁质

这四体当中，从字面意思就可得知，最重的、密度也最大的那个载体，正是构成地球本身的物质——《圣经》创世故事中所讲到的“尘土”。真相必然如此，因为所有能滋养我们的营养均源自我们脚下的大地，以食物的形态被我们吸收，无论是直接来自植物的粮食，还是间接滋养我们的肉类及其他各种动物产品。如前所述，这也是现代唯物主义科学唯一能够认知的一“体”。所以说，抑郁质气质的人能比任何其他气质的人更加深刻地感知到他们的物质体重量，这并非巧合。他们往往行动缓慢，脸型下垂，四肢修长，难以控制，整体外貌给人一种“被地球重力深深吸引着”的印象，仿佛整个世界的重量都搁在了他们的肩头一样。

黏液质人则是那些受其以太身影响最大的人。“生命体”（life-body）或“形塑力体”（formative-forces-body）这两个术语，同样适用于这一生命载体。以太身本身不可见，但它显而易见：它是通过维护、再造物质体（“尘土身”）的形状和组成成分而体现其存在的。显然，构成物质身的化学物质不是活的，其本身绝不具备生命气息。事实上，正是以太身将这些化学物质加以合成、构建，才使得生命形成，以太身才能解释何以所有生物体都拥有生长、繁殖能力。以太身的主要功能便是组织和建造；从本义上讲，每个生物体必然拥有一个以太身。当以太体离开任何一个生物体，我们所谓的“死亡”就会到来。而构成其机体的所有化学物质，来自尘土，也重新归于尘土。

这种物质身与以太身共生共存、相互合作的现象，在所有植物身上都有明确显示。所有植物都符合三项关键标准：由物质构成，可以生长，能够繁殖。

那么，在黏液质人身上，如何证实以太力居于绝对主导地位呢？我们很难找到一个主导气质为黏液质的人——就算他生活优渥——不表现出消化液及体液的状态。假设抑郁质人最大的特点是其沉重的身体构成成分——即骨骼，以及由此而来的“不堪太高”的体验，那么，可以说，黏液质人主要表现为其腺系统生产的各种分泌物。不用说，这些都是比较黏稠的体液。因此，他们符合希腊四元素学说中“水”的特征。面对体形臃肿、愚钝迟缓的黏液质人，胆汁质人或其他人往往会气得脸红脖子粗，或者很快就意兴阑珊，一点也不奇怪。

希腊四元素中的“气”与我们此处所讲的第三种“载体”——“星辰身”或“情感身”（sentient）——相关。之所以称之为“情感身”，是因为这种气质通常承载着我们的情感体验。我们所经历的一切爱恨情仇，以及同情和厌恶，都要归因于我们的星辰身。其特征表现为：任何有机体都拥有神经系统，有机体能体验到意识过程。这并非人类独有，事实上，整个动物王国的成员都拥有这种特征。植物没有神经系统或任何感觉器官，因此不会有任何感觉或意识。

不难看出，典型的多血质人比较强烈的意识与星辰体之间有着紧密的关系。在所有人中，多血质人最容易表现出紧张不安、坐立不宁的状态，他们会不停地寻求新鲜的体验。我们几乎可以说，他们拥有超级强烈的意识，对周围发生的一切都极为敏感，像鸟一样警觉；而表现迟缓、慢条斯理、只关注自己内心的黏液质人则对周边的事情置若罔闻，只会在意自己感兴趣的事情，对那些多血质人一下子就能关注到的事件根本无暇在乎。不过，多血质人往往也只是三分钟热情，就像风一样飘忽不定，四元素学说中的“气”与这种气质极为相符。

我们所说的第四种“载体”——自我体——即我们所拥有的自我意识或“我之为我”的意识，其主要特征只适用于我们自己。这体现了人类世界和动物王国之间的一个主要区别：动物有意识，但我们有自我意识。“我”这个词虽小，却非常独特，因为我们只会把这个词用于自身，不能用于他人。正是这种代表着个体性的“我”或“自我”的感觉保证了每个男人、女人和儿童的独特性，并赋予每一个人身份意识——自我意识。正是“自我”这个概念负责调节我们每个人的个性和特点。从初生到垂老，正是这一“载体”使我们能够通过记忆去观察我们自己的行为，从错误中获益，促进我们的道德发展，等等。

就古希腊四元素而言，任何“热”或者“温暖”的事物都离不开“火”

元素，因此，它与血液相关。热量与胆汁质气质之间的关联性不言自明。语言词汇本身也体现着这种观念，如“热血青年”“火爆脾气”“热心肠”，等等。胆汁质人或多或少都具备这些特点。在许多方面，我们的自我代表着“更高层面上的自我”。奋斗不止的胆汁质人总在追求某种形式或模式上的“自我改善”，加上激情似火，兴致盎然，永远都带着“热量”——即使有时候谈不上“发光”。凡胆汁质人所到之处，空气里总会带着“热”，特别是当他们对什么事或人感兴趣的时候。

当然，你爱邻人

正如俗话所说，当你真正理解了他人，就知世上无不可宽恕之人。心怀宽恕，则一切冰消。毫无疑问，要想宽恕他人身上那些烦人的习惯、根深蒂固的观念、不可撼动的成见，以及我们每个人面对最亲近的人（普通朋友和点头之交同理）的小毛病时，脸上展现出的那种“老天，他（她）咋又这样！”的鄙视神情，了解四种气质类型都会让你大受裨益。那种“知识就是力量”的陈词滥调，我们采用一下也并无不可，因为我们对自身、对他人的认识越深刻，我们控制自己的能力也就越强。这并不是说，我们就应该容许别人对我们肆意践踏，或者说忍气吞声，任由别人玩弄我们于股掌之上，或者完全不去计较那些糟糕的行为、粗鲁的表现、无情的冷漠。在任何情况下，最好的办法都是耐心等待，直到那个关键的“心理时刻”到来，再迅速行动，给他一点“人生经验”，并要让效果最大化。譬如给对方鼻子上擂上一记重拳，或者敞开怀抱，让对方靠着你的肩膀痛哭一场，等等。但是，绝大多数人都知道——或者慢慢会知道——什么样的行为，以及什么时候做出什么样的行为，才是最适宜的。

我们很容易忘记的一点是，事实上，我们每个人都拥有全部四种气质，但根据不同的身体构造，四种气质的比例是不同的。气质这个词源于拉丁语，指混合（按适当比例），这一点应该牢记。如果我们的四种气质比例相同，那么，我们就会拥有能想象出的、最平衡的气质，我们就能够轻松应对任何情况，自由调动我们的特质，圆满平衡地处理一切事务。例如，我们去参加拍卖时，就需要调动全部多血质气质，捕捉最有可能的报价；同时要运用足够多的黏液质气质，坚定、克制，以避免和他们玩得太深；当发现我们拍下的价格超出预先估计的价格，就可以施展抑郁质气质的退避机制，而这又需要足够的智谋——胆汁质气质的特征——来“改善”困境，并在下一次拍卖中以不可战胜的决断力挽回损失。

如此一来，我们都是“上帝的孩子”，每一个人都是同一个模子刻出来的。我们的构成完全一样，无论是身体上的、心理上的、精神上的、智力上的、情感上的、道德上的，等等，无不如此。一定会是这样，不然我们就无法理解彼此，也将无法进行任何社交互动。一般的社交技能必然包括与伙伴们保持良好关系，这也是本书的写作主旨所在。

所有这些都表明，我们越了解自己，那个真正的、每次照镜子时都会凝视我们的深层次的自己就变得越好。青春之花凋谢之后，我们的脸上生出皱纹，皱纹随着岁月的流逝逐渐加深变长——这些皱纹会告诉我们自己真实的模样，因为这些都是我们的习惯、态度和行为刻上去的。而且，只有通过学会认识自己，我们才能开始认识彼此。

因此，如果我们在生活当中遇到那些带有各种混杂个性特点的人时，我们就能设身处地的为他们想一想，并借助我们学到的这些关于气质类型的知识，选择最适宜的方式来应对：也就是说，带着我们真正的关怀和同情。这样一来，我们就会向他们展示我们真正的、不带控制欲的、无条件的“基督徒之爱”，那种爱与单纯的感情毫无关系。无论我们每个人拥有什么样的气质类型，我们确确实实都是“世界大家庭”的一员。

我们不能忘记，正是因为两个个体之间的爱的行为才把我们带到了这个世界，也正是爱滋养着我们。大家都知道，行动胜于言辞。正是行动揭示了我们的真正动机。有这样一句心理学格言：我们所采取的每一项行动都是为了满足某些需要，无论这种需要是什么。我们实际做的事情，而不是我们说的、感受到的或想到的，决定着我们的行动。如果我们内心生出做这件事或那件事的强烈冲动，那么，正是这样的行动才体现了那个真实的、内心深处的自我。而我们最后的希望，在于表达爱：对我们自己的爱、对人与人彼此的爱。不管我们有什么样的种族、肤色、信仰，或者气质类型。

附录Ⅰ

给热衷于研究别人的人一些建议

本书的一个主要论断是，我们的生理和心理品质是相辅相成的。那么，我们又遇到了“先有鸡还是先有蛋”的老问题：是我们的生理机能或身体结构决定了我们的心理构成，还是相反？我们面对的，是一个关于精神和物质、内在世界和外部世界、可见和隐秘、有形和无形、感官和超感官等命题的重大难题。然而，在讲解过程中，我给出了足够多的线索来表明我自己坚定的立场，那就是：在任何时候和任何情况下，精神都先于物质。因此，我们人类首先是精神上的存在，而后才是物质上的存在。外部世界是内心世界的完美复制品，是无法显现的世界的外显，是精神的物质外衣，是被创造物的创意。我们的身体特征并非身体组织自发成为那个样子的。不同的细胞、组织等等并非随意分裂和繁殖的，它们是按照特定的结构模式形成的、构建的。当然了，生物学家会问：“照这样说，那 DNA 又是什么？”我会说：“好吧，就算你是对的，那么 DNA 又是怎么来的？”

关于这一切问题，每个人都必须自行判断。但事实仍然是：某种特定体型的人所表现出的特定行为，要比另一种体型的人平均表现出的同样的行为多很多。当然，事情总有例外，总有一些变量和因素会让边界显得不那么清晰，并无非白即黑这种事情。而且，人们有自我修正，甚至于改变自己气质的能力——假设他们的自我意识足够强烈的话。恰恰正是这些变量——当然也是按一定的比例混合的——才能保证我们虽然一样，却各不相同。也正是因为如此，人才变得如此有趣，观察人的种种行为也因此令人沉迷。尽管我们能够敏锐地意识到所有人都拥有不同程度的普遍特征，我们必须始终牢记，在这些普遍特征背后，正是意识通过强大的协调能力在精心策划并操纵这些结果。但是，只要有充分的时间和机会去研究自我意识的运行方式，一个人的自我特点同样能被确定。观察的距离越近，观察的结果越精确，也就越有机会见证那些细微但关键的东西。从观察对象的体型和行为上，你就能更准确地评估他／她的性格特征。当然，这需要不断练习，但因为研究人的气质需要全身心投入，因此不管你的观察对象是谁，你都不会生出厌倦之心。

“哈！圣洁的忧郁！”“咳，烦死人的忧郁！”

从诗人约翰•弥尔顿很久以前所写的这些自相矛盾的诗句来看，他拿不准抑郁质人到底是什么样的！只要能让抑郁质人感到舒服，并沉迷于其中，深陷于其中，那么忧郁就是蜜糖。事实上，他们常常会获得这种体验。但正所谓“太多糖，味儿就变坏”。有些时候，他们会摆脱这种诱惑——然而，最终却变得比以往更加抑郁，因为他们根本不可能振作起来。记住：他们的内心世界比任何外部世界都重要得多，因为拥有这种气质的人都极为复杂，常常很难相处，所以要非常谨慎地对待。作为非常注重隐私的人，他们常常表现得十分害羞和保守（尽管总是怀有一种隐秘的渴望：登到高处，向全世界宣称他们是最最了不起的人物），但他们的自我意识非常强烈，得不到众人的关注绝不罢休。

知道了这一点，就需要仔细查找某些特定的表征，以帮助你做出判断。

他们常常给人的印象是：头颅太沉重了，以致身体支撑不了。他们的头总是轻轻地偏向一侧，而坐着的时候，可能会用双手撑起下巴。有时候，我们很难将他们与同样“高高瘦瘦”的多血质人分辨开来，正如我们很难将“又矮又胖”的胆汁质人与黏液质人分辨开来一样。这种情况下，要特别注意以下特征：他们面部较长，眼睑较厚，鼻子长而瘦削，鼻孔呈椭圆而非圆形，上唇较薄，颧骨较突出，双颊较窄，脖颈细长。这些特征，再加上倾斜的肩膀，给人一种压抑的沉重。必须记住的一点是，抑郁质人总给人一种拖着身子往前走的感觉。他们骨架优雅，体形消瘦，双手尤其好看，手指长而纤细。有趣的是，因为他们的身体直接受控于自我意识，因此这两者之间有着非常强的关联。基本上来说，抑郁质人会运用身体的全部力量来试图掌控自己，但这又反过来激发了自我意识，使后者变得异乎寻常的强大。

看看这些美妙的曲线！

一个胖嘟嘟的小宝宝，粉扑扑、圆滚滚、软乎乎，不管从哪个方向来看都浑圆喜人——这是绝大多数黏液质人的原型，无论从身体还是心理方面来看均是如此。和婴儿一样，大多数时候，他们都“柔若无骨”——但要是真被冒犯到了或者欺之太甚，你可要小心了。与人们一般的看法恰恰相反，他们心地善良，知足常乐，只要吃饱喝足，万事不挂心头。他们最常见的那幅“不倒翁”模样可不仅仅是因为吃太多造成的。有句老话说得好：“要抓住男人的心，先要抓住他的胃。”记住这句话。如果你想要让那位黏液质伴侣死心塌地对你好，下一次你们路过酒吧或服务站时，不妨停下脚步！因此，请留意那些故事满满的曲线：圆脸圆下巴，短粗鼻，厚嘴唇，无神眼，还有浑身散发的冷漠气息。黏液质人给人的总体印象是：沉闷无聊，毫无生活情趣，懒得争论什么。除非绝对有必要，他们最讨厌被人打扰，因为别人会让他们分心，使他们感到被冒犯。也许耐心一点，等着他们在一些紧急时刻——那种火花塞冒火式的紧急时刻——再去施展身手，是个不错的主意。如果你想和他们套点近乎，可以请他们讲讲自己最喜欢的爱尔兰式 / 犹太式 / 苏格兰式或者任何其他笑话，但记住你得先讲你自己的故事，他们会很期待。

看看那鼻子！

多血质人的鼻子形状变化很大，而任何其他气质类型的人都有相对固定的鼻型。他们的鼻子大体可分为两种：最常见的是那种短平而上翘的朝天鼻。鼻尖向上翘曲度越大，其主人就越有可能是多血质气质。因此，只要是那种鼻孔向上翘起，鼻尖比鼻底高的，无论鼻子本身比较瘦削还是多肉，其主人都有可能属于多血质气质。与鼻子的特征相伴的，往往还有满月一样的脸颊。如果鼻子很单薄，基本上都会呈现那么一点鹰钩鼻的样子，有时候那鹰钩会非常典型。要特别注意的一点是，如果某人的鼻子特别大，就算不一定会很多肉，那么，其人极有可能也是多血质人。此外，多血质人通常拥有细长优雅的脖子，他们的头似乎想往哪儿转就往哪儿转，完全不受控制，每时每刻都在快速扫视观察周围的一切。

对于那些第二气质为抑郁质的多血质人，人们可能会怀疑这种说法是否可靠，但请再看看他们的整体面部形状。如果呈椭圆形或心形，那是典型的多血质气质；如果脸形较瘦，呈“斧子”状或“V”字形，且脸颊较窄，那就是抑郁质人。同样，头发也会提供线索。如果发质好，特别是发色较浅，呈卷曲或波浪状，即便只是略有卷曲或波浪状，其人很有可能就是多血质。如果头发黑而柔软，没有光泽，没有生命力，不管发质如何，其人都有可能是一个抑郁质人。一般而言，多血质人面色清爽，皮肤细嫩，而抑郁质人则面色暗淡，表情迟钝无反应。

身材宽实的小子（女孩）

胆汁质人，就算并不总是又高又帅，大多数时候身材都比较宽厚。如果看得足够仔细，就会发现他们和黏液质人绝不相同。因为他们的肩膀方正，不是那种圆肩。他们脖子短——有时候特别短，面色红通通的。他们说话时气势逼人，眼神直接有力，动作迅捷，目的明确，浑身上下自信满满，和黏液质人的文静、和善、不温不火形成了鲜明的对比。你绝不可能把他们与多血质人或抑郁质人混淆，但当他们的第二气质如果是多血质或抑郁质时，确实会比较难以辨别，特别是当他们上了年纪之后，尤其如此。中年发福后的多血质人很容易被人当成别的气质类型，而变胖了的胆汁质人也很容易被当成黏液质人。因此，要辨识各种气质类型的人的体型，都需要仔细观察。但只要好好练习，就会变得越来越容易。

善用气质！

正如我在前文所提到的，我们都拥有四种气质，这确定无疑，正如我们都是火（血之热）、气（肺之功）、水（体之液）、土（身之骨）四元素造成的一样。所有这些元素所代表的气质全部存于我们身体之中，互相融合，精妙至极。从生理角度看，它们处于——或者应该处于非常平衡的状态。如果平衡被打破，那么就会导致气质失调，体现为病症。通常，这根本不是我们能意识到的。就我们的精神和性情特征而言，我们希望在某种程度上能控制它们，即便只是在很小的范围内。毫不夸张地说，真正的自我控制在于我们如何善用自己的气质，不管有意还是无意。换言之，我们都想通过操纵气质特征和性情，以达到最佳目的，产生最大效果。假以时间和练习，这是有可能实现的，不过可能得好几辈子吧。

但是，我们可以通过不断练习，并在机会来临时强化自己的心力，来归纳出一些如何控制自己性情的观点和方法。尽管每个人都拥有自己的主导气质和第二气质，而另外两种气质会受前两种气质的压制或阻止，但不管怎么样，我们都会表现出一些不太典型的气质特点。想象一下：如果我们只有一种气质，那么我们的个性会变得何其片面，何其可怕！未受其他气质影响的纯粹的胆汁质人，最终会在狂怒中走火入魔；同样，一个纯粹的多血质人也必将走向极度癫狂，纯粹的黏液质人将陷入冷漠、愚钝的无底深渊，而抑郁质人将堕入悲伤的无边大海，彻底沉没。

然而，幸运的是，平常的生活为我们提供了许多保持平衡的机会，并通过激发我们内心的普遍反应或“隐藏”反应，让我们正常应对各种各样的情况和环境。当需要修剪草坪、给客厅贴上墙纸、进行春季大扫除时，我们会唤醒胆汁质气质，兴致勃勃、精力充沛地把活儿干完。早上醒来时，我们的黏液质气质最盛，特别是当窗外有霜，正在下雪，或狂风呼号之时，尤其如此。被窝里那么温暖，那么舒适，谁不想赖个床！我们一点都不想被打扰。可是，还得上班呢，或者有别的事儿……没办法，伸个懒腰，打个呵欠，还是起吧！度假之时，我们的多血质气质最盛。吃喝玩乐，尽情玩吧，有得是时间，谁也不会来干涉。圣诞节购物时就更好了，我们可以放开手脚大花特花，想办什么派对就办什么派对——美得很！而当不幸或灾难降临时，比如丢了工作，职业生涯毁于一旦，或最亲近的亲人到了弥留之际，人们的抑郁质气质就会被唤醒。在那种情况下，每个人都会带上一点抑郁质气息，随时会给予他人以同情和宽慰。

这样的情景多不胜数，原因很简单：在适当的时候，相应的想法和感觉会自发跳出来。我们只是“顺其自然”，像绝大多数人一样表现出自然而然的反应——按习惯或传统，用最平常的方式。有意识地去平衡我们与生俱来的各种特点和属性。难点在于如何运用意识唤醒那些处于休眠状态或未经施展的品质和特征，以使它们发挥平衡互补的作用。因此，在某种意义上，我们可以借助勤奋的练习，掌控我们的主导气质，而不是沦为它的奴隶，从而获得更圆润的个性。与此同时，我们也应尽量减少压力和紧张、惶恐和焦虑。无数场景下，我们都会出现此类负面情绪，这通常都会导致我们陷入糟糕、令人不安的状态。最重要的是，我们应该以更幸福、更健康的状态迎接老年的到来——谁不希望这样呢？

附录Ⅱ

四种体型之谜

在第二章中，我们讨论了传统学说提出的四种气质及现代科学提出的三种体型或所谓体质分类相关的问题。显然，三比四是不对等的。假设有些读者期望更进一步、更深入地探讨这个问题，在本章中，我将尝试解答这一谜团。

人类胚胎及其发展

人们普遍认可三种身体类型假说——即消瘦型体质、运动型体质和肥胖型体质（见下页）。这种假说认为人的体型与人类胚盘（embryonic disc）的三胚层结构有关，各自的对应关系决定了体型。从生物学角度看，胚盘，又称囊胚层（blastodisc），是从囊胚的内细胞团中衍生出来的细胞层，而囊胚又是从受精卵中衍生出来的，胚胎也正是从这些细胞中产生的。构成胚盘的三层细胞分别称为外胚层（ectoderm）、中胚层（mesoderm）和内胚层（endoderm）。胚盘卷折后，最外面的一层构成细胞外层，中胚层构成中间的细胞层，而内胚层构成内部的细胞层。根据这一学说，生理学家提出了三种身体类型的假说。这种假说一经提出，就受到人们的普遍接受。其基础是：胚层发展过程中需要达成某种平衡。为了让某一胚层获得最大的发展优势，需要牺牲另外两个胚层的发展。假设事实如此的话，那么所谓的体型，是胚层的发展与某种代表“完美人体”的“理想规范”之间的夸大了的偏差造成的。毋庸置疑，所谓完美体型，就算有，也没多少人见过！

对这三种体型的描述通常类似下列这种：

外胚层体型 (Ectomorph)

精瘦、肌肉型身材，与体重相比，皮肤面积较大。

中胚层体型 (Mesomorph)

肌肉组织强大，骨架突出是其主要特点。

内胚层体型 (Endomorph)

其生理类型表现为相对肥胖，腹部脂肪尤为明显，肌肉欠发达，骨骼发育较差。

三胚层（即有望发育为有机体的小细胞层）构成了我们前面提到的外胚层、中胚层和内胚层。它们均源自内细胞团（inner cell mass)，将形成各种组织和器官，最终会形成胎儿，然后是儿童、成年人。但是，必须认识到，胚层并无严格固定的特异性。换言之，用来最终构成成熟机体的那些部分并非是预先严格确定的。支持胚胎发育假说的人太过死板，并未充分考虑这一事实。胚胎发育假说发端于19世纪初，有诸多版本，一直延续至今。然而，现在人们已经知道，每一胚层的细胞在形成各种器官系统时，均会以相当精确的模式进行分裂、迁移、聚集和分化。因此，将早期胚胎分为三个主要的胚层，在某种程度上来说不过是为了便于描述。

此类信息本身就有些互相矛盾，因为，即便三种体型可追溯到三个胚胎层的形成——这在大体上是事实——但提出这种假说的两位作者在各自的著作中都坦承："胚层的特异性并非严格固定的，之所以这样划分，仅仅是出于便于描述的考虑，而非其他原因。"然而，这一观点长久以来早已为人们所接受，且有大量证据显示胚盘的三胚层大体上确实会发展成为三大生命系统，用于保护和维持人体机体的运行。我们稍后将详细讨论的问题包括：(1) 外胚层（大脑和中枢神经系统，以及感觉器官、皮肤、头发）。(2) 中胚层（生命器官，如主要位于颈部和隔膜之间胸腔内的心脏和肺，以及血管系统）。(3) 内胚层（消化系统和其他腹部器官）。而另外一种可被视为人体组织第四大来源的是间充质 (mesenchyme)。间充质是中胚层中松散排列的纤维组织，大部分用于形成血液、骨骼、肌肉和结缔组织。

体型学说的历史

只需进行一些简单的观察，我们都会发现，大体上人的体型只有两种，即高瘦型和矮壮型。这种简单分类由来已久，与希波克拉底（Hippocrates，约公元前460—前377）所说的结核体型 (Habitus phthisicus）与中风体型（Habitus apoplecticus）相对应。希波克拉底是古希腊名医，号称“医学之父”。前伦敦大学心理学教授汉斯•艾森克在其著作《人的人格结构》中详细介绍了有关体型整体理论的许多有趣的细节，建议对体型学说比较着迷的读者一读。

一般情况下，人们习惯于把体型分为短小粗壮型和高大细长型，即大颌型（eurymorphic）和细长型（leptomorphic）两种，但对某些19世纪的自然哲学家来说，这似乎并不够。他们想要找到第三个类型——介于前两种极端之间的某个类型，于是他们发现了运动型（mesomorphic），即希腊学说所谓中间型（middle form）体型的人。看来他们是先确定了这样的理论，再去找事实来证实这种理论，而非相反——这样的科学家不在少数，他们有时候难以抵制这种想法。于是，这种三种体型的分类方式就与胚盘三胚层完美吻合了——即，任何一层胚层的优势发展都将导致下述三种体型之一：

表6　胚盘层与体型及体格之间的关系

胚盘层	体型	体格（大概分类）
内胚层（上皮）	肥胖型	矮胖
中胚层（中皮）	运动型	中等身材
外胚层（表皮）	消瘦型	高瘦

在19世纪和20世纪初，有很多科学家都对胚盘层是否直接决定着后续人体的身体结构和构造有着极大的兴趣，但我们不应被他们炮制出的那些佶屈聱牙的术语给迷惑了。那些最终留了下来，并被普遍使用的术语均是英国研究员W.H. 谢尔顿曾使用过的。本人通篇所用相关术语均为谢尔顿所创。

然而，尽管有无数心理学家、精神病学家和其他专业人士用尽心力想要将胚盘三胚层与人们日常所见的三种体型（即上表中所列体型）加以匹配，结果都无功而返。他们孜孜不倦梦寐以求的东西，似乎被近来关于胚胎学的研究一一击破了。正如我在前面引用摩尔（Moore）、贝克（Beck）和莫法特（Moffat）等人著作内容时所暗示的那样。因此，四种气质类型与三种“体型”学说在数字原理上并不对等的结论是确定的。换言之，早期的理论并不足以支持这一假设。我们必须从别的方向寻求有效的解决方案。

解决方案

在无数研究人员中，法国科学家马蒂尼（Martigny）在 20 世纪 40 年代晚期提出假设，认为还存在第四种体型。他将这种体型命名为脊胚层型（chordoblastic）。随后还有更多其他命名。据他所言，这种体型与大多数其他研究人员所谓的运动型体型极为接近。马蒂尼的假设，使得体型分类变得比较混乱，我将尽力澄清这其中所涉及的问题。下表显示了他提出的体型之间的对应关系：

表 7　马蒂尼分类法与身体类型

马蒂尼术语	身体类型（按马蒂尼分类）
中胚层型（运动型）	肌肉型，运动员型
脊胚层型	正常型，平衡型
内胚层型（肥胖型）	肚腩型
外胚层型（消瘦型）	瘦弱型（高且瘦）

你会发现，他创造的术语中，“脊胚层型”指“中等”或正常、平衡体型的身体构造及结构。因此，非常重要的是，我们可以据此得到一个满意的、互相匹配的体型分类方式。

由此可知，第二章图 2（气质类型、四大元素及个性对应关系）中所列的外貌分类，其匹配有效。

表 8　马蒂尼分类法、谢尔顿分类法与气质类型分类法

马蒂尼分类法	谢尔顿分类法	气质类型分类法
中胚层型	运动型	胆汁质
脊胚层型	——	多血质
内胚层型	肥胖型	黏液质
外胚层型	消瘦型	抑郁质

现在，我们就可以从表格中很容易地发现哪些地方尚无匹配内容，由此推出哪些部分——仅在部分程度上——导致了混乱。马蒂尼分类法倾向于使用由 blastos（希腊语，指“萌芽”或“胚芽”）衍生出的科学术语来指代胚胎发育，例如“中胚层型”“外胚层型”等。这说明，在胚胎发育的早期阶段，细胞层不比皮肤厚多少，因此相关术语都以“derm”结尾，而“derm”在希腊语中，就指皮肤（derma）。这一术语通常应用于“皮肤”或“细胞层”，因此，出于实际需要的目的，马蒂尼和谢尔顿所使用的词语在含义和应用上都是相同的。

然而，由于谢尔顿坚持认为“消化型体型”，即“肥胖型”——常让人想到“相对较胖，腹部突出”的人——明显符合心宽体胖的黏液质人的特征，因此混乱越发严重。谢尔顿认为消瘦型体型与皮肤本身以及感觉器官、神经系统和大脑有关——因此很明显和抑郁质气质相符合，因为抑郁质人“精瘦、肌肉型身材，与体重相比，皮肤面积较大”。在这两种极端体型之间的体型是运动型，与多血质相符。现在，三种已被普遍接受的体型——肥胖型、运动型和消瘦型——与黏液质、多血质及抑郁质比较合理地完成了匹配。

但拥有胆汁质气质的人——肌肉结实、肩膀方正、矮小粗壮的那些人却没有对应的匹配项。从上表可以看出，至少在谢尔顿看来，胆质汁人的体型被认为与黏液质人一样，都属于肥胖型体型。但这里，“矮小”“肥胖”其实被混淆了。如果不去仔细研究他们各自的外貌特征和一般行为，一眼看去，我们会很难分辨这两种气质的人。然而，如果仔细检视，还是很容易会发现不同的。

谢尔顿分类法的混乱之处，我们先讲到这里。到这一步，如果你还没有开始挠头皮，或者还未彻底放弃继续阅读——或者既不挠头，也还想再读下去，那么，请让我再铺陈一些，讲讲马蒂尼分类法。从图3可以看出，他预言必有四种体型的假说是合理的。根据我所采用的标准，也应该有四种体型，与四种气质完美匹配。但是，会有完美匹配的四种体型吗？呃，是的，有的。事实上，我的意思是说——差不多是这样。

问题是，和谢尔顿一样，他将两种肥胖型体型搞混淆了，弄成了同一种——这至少在我看来是错误的。然而，马蒂尼将肌肉强健、肩膀方正的体型归为运动型身材和身形，即“中等”或平衡、协调型身材，而我认为这种体型是典型的多血质体型。我们可以从图3他给出的体型特征中清楚地看到这一点。他明确认为消瘦型体型与抑郁质人、“垂头的”或“头向下的”人相关联，而这类人又是典型的内向型气质人群。

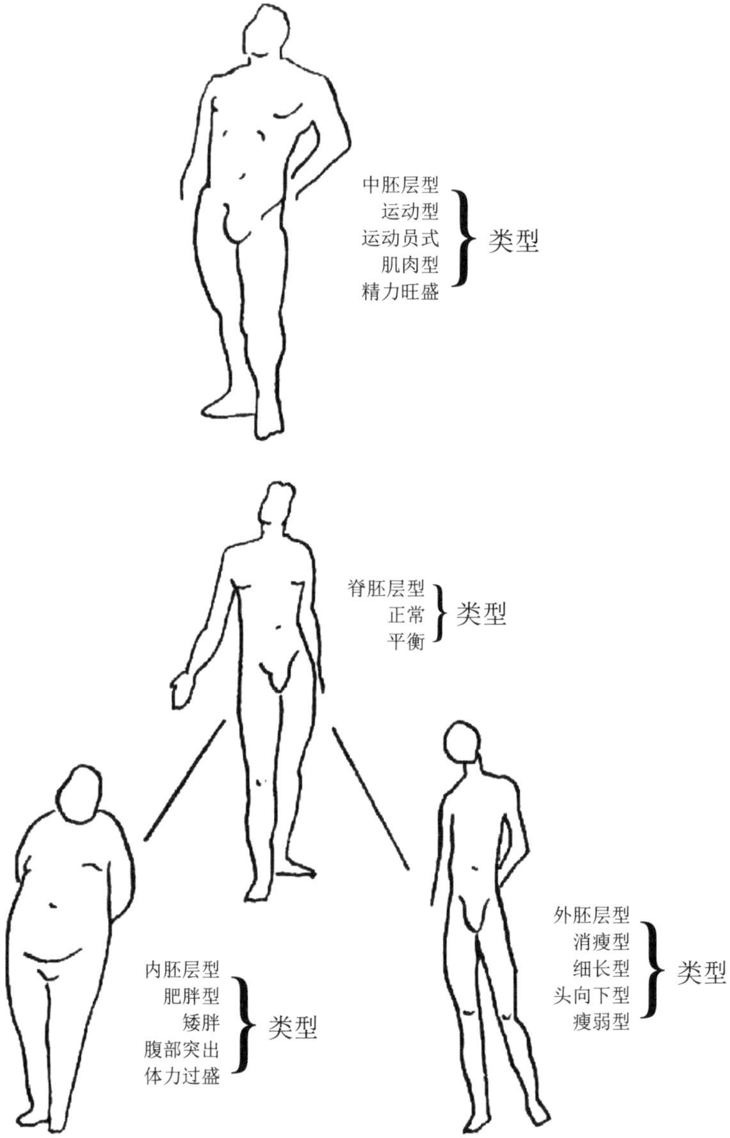

图 3　马蒂尼的三种主要身体类型示意图
此三类身体类型是根据胚胎发育假设得出的

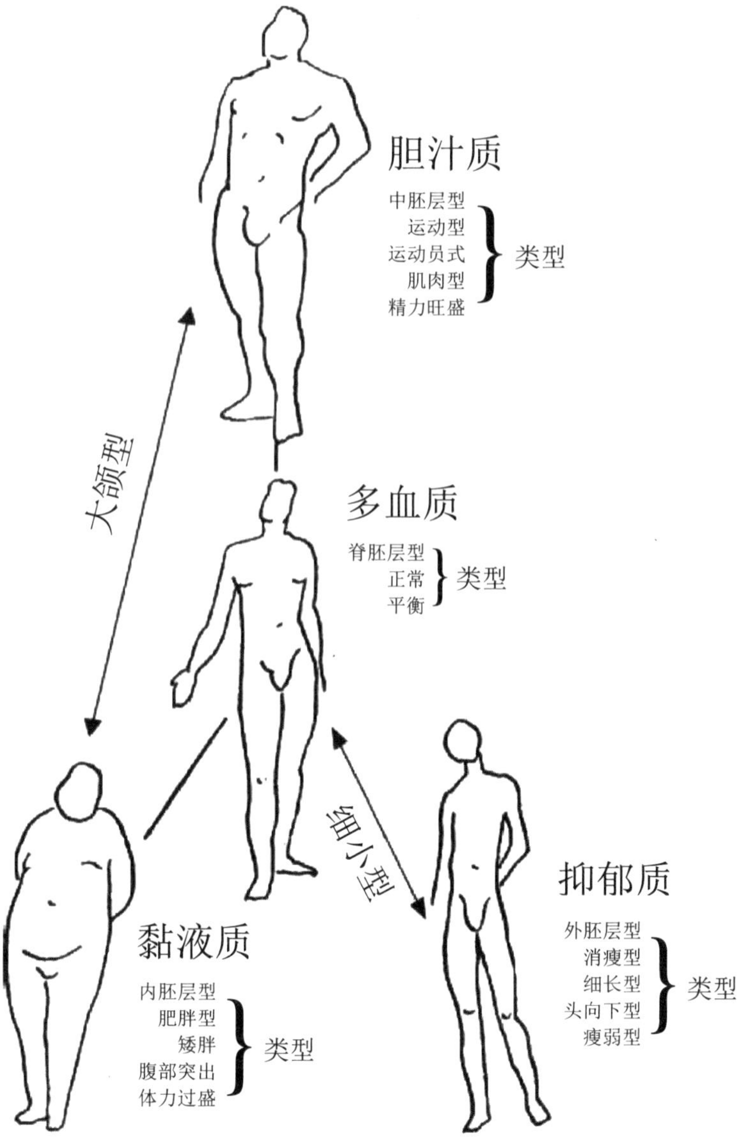

图 4　作者改编的马蒂尼分类法配图

现在，我们已经确定多血质体型就相当于马蒂尼分类法中的脊胚层型（希腊语 -chorde 指肠道之线）。这个术语是谢尔顿和其他大多数作者均未采用过的，原因不明。然而，鉴于马蒂尼显然非常了解胚胎学，他极有可能，甚至百分之百注意到了该术语所指的胚胎脊髓细胞是自神经细胞衍生出的神经嵴细胞而形成的。这些细胞发育成脊神经节、颅神经节和自主神经节、外周神经系统的鞘细胞、大脑和脊髓的覆盖层以及肌肉结缔组织等等。于是，我们发现，有两种体型与胚盘的外胚层相关，即多血质和抑郁质体型；而另外两种体型则与内胚层相关，即胆汁质和黏液质体型。所有这些都是完全合理的，因为我们这里说的，是人类的两种基本身体类型：分别为高瘦型和矮壮型体型。

但这并非全部。因为我们还缺一环——中胚层。

按定义，中胚层是细胞的中间层，在胚盘中，这一层理所当然必须夹在外胚层和内胚层之间，如图 5 所示：

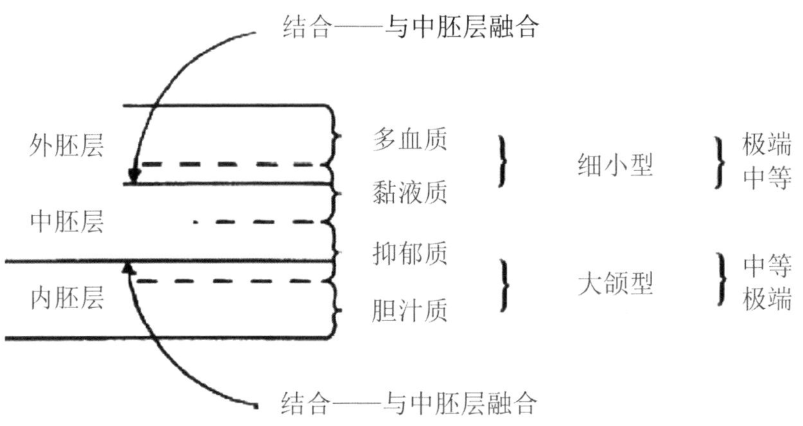

图 5　胚盘胚层与气质的关系

现在，有意思的是：中胚层的两个表面（为了便于表述，我们且将他们称作上层和下层）必须与另外两个胚层——即内胚层和外胚层——互相接合。我想在此冒昧提出我的看法：外胚层确实与两种“细长型”体格特征（高、瘦）有关联，这两大身体特征都源于外胚层，即抑郁质（极端）和多血质（中等）气质型外貌。而“大颌型”（矮小、粗壮身体）类型，均源自内胚层，即黏液质（极端）和胆汁质（中等）外貌。此外，我认为两种位于“中间”位置的身体类型，即中等细长型（多血质气质）与中等大颌型（胆汁质气质），正是因为它们各自与中胚层的一个表层互有结合，从而获得了它们的“持中”特点。我们在前面已经看到，关于哪些胚胎细胞将最终分化成哪些身体器官，哪些又分化为结缔组织和皮肤，很难给出简单粗暴的结论。我们能确定的是，胚胎细胞的主要分类与其最终将会形成身体的什么部位是固定的。

由此，我们找到了解开这一谜题的一个比较可信的答案，下面的“特性组合表”将有助于帮助我们澄清这一切。

表 9　特性组合表

因素	黏液质	胆汁质	多血质	抑郁质
源头	内胚层	中胚层	中胚层	外胚层
体格	大颌型	大颌型	细长型	细长型
体型	肥胖型（极端）	肥胖型（中等）	消瘦型（中等）	消瘦型（极端）
属性	内向	外向	外向	内向
思维	聚合型	发散型	发散型	聚合型
平衡	稳定	不稳定	稳定	不稳定
对待时间的态度	当下（身体状态）	未来（外部事件）	当下（精神状态）	过去（内心状态）
方向感	向心（收缩）	离心（舒张）	离心（舒张）	向心（收缩）
障碍类型	人格	行为	行为	人格
基本社交态度	不合群	合群	合群	不合群

三元性原则之延伸

我们已经很清楚地看到，胚盘的基本属性是三元性。这种三元性非常重要，反过来又促使早期的研究人员去研究它们与人体结构和组成有何对应关系。同样重要的是，正如我前面已经提到的那样，人类全部身体结构也可以分为三大类：(1) 我们的机体系统，包括感觉器官网络，以及大脑和神经系统等补充体系；(2) 胸腔组织，包裹着我们的节律系统，即心脏和肺；(3) 消化系统或代谢系统。

就我们当下的探讨而言，我们的四肢可被视为外围附属器官——不可否认，它们确实有着非常重要的一般性功能，但因为不涉及维持生命的器官，所以算不上最关键的。

我们有理由将这三种系统视为人体三元性的反映，因为这些生命系统均源于胚盘的三个胚层。毋庸赘言，在我提出的任何模型中，都没有设想对下述“系统”进行任何形式的严格划分。皮肤和感觉神经系统遍布全身；以心脏为中心的心脑血管系统也延伸到了整个身体，它为消化系统及其附属器官服务，并同时也由其提供服务。每一系统，以及每一系统的每个组成器官，都完全依赖于其他系统的有效运作。这些系统最终以相应的方式构成整个人体，具体如下：

表 10　胚盘层与生命系统

外胚层（头部系统）	形成皮肤和指甲、中枢神经系统（大脑和脊柱）、周围神经系统、耳、眼、鼻等感觉上皮及其他器官。
中胚层（胸腔系统）	形成心脏、血液和淋巴管及细胞，心、肺和腹膜的内膜，以及其他器官，包括肾脏、脾脏、卵巢和睾丸。
内胚层（消化系统）	形成胃肠道和呼吸道、膀胱等的上皮细胞衬里，以及肝脏、胰腺和各种腺体的基本组织。

这仅仅是一个草图，但胚盘的三个胚层和构成生命器官的三个主要系统之间的相关性是清晰可辨的。记住，哪些胚胎细胞会形成哪些身体器官，并无严格固定的程式，因此，从胚胎状态发育到完全成熟的人体的过程中，就存在非常大的跨度、范围，乃至自由度。这些相似之处是不容忽视的。我给出的这些观察，只为那些对我的学说确实感兴趣并能一路读完本书的读者一些思考的素材。

本模型的进一步扩展

三比四不对等，可能只是数学上的难题，但多亏了自然之道在某些程度上的灵活变通，从人体构造上来讲，却是有解的！正如四种气质不能绝对划分一样，在胚胎发育过程中，也存在“迷途（straying）细胞”的情况。这种连续的细胞分裂和迁移过程最终形成了我们感官系统的物理物质基础，我们通过这些感官来认识世界。我们的大脑结构和支持大脑的神经系统以及由此运行的思考机制，使我们能够体验到何为意识，并使我们具备思考亲身经验——无论来自外部世界还是内心世界——的能力。

我们的思考过程，要多广阔就有多广阔，都与我们的认知（思考）、情感（感觉）和意愿（促使产生有目的的行动）相关。而认知、情感和意愿，从日常经验就可知道，也不能死板地限定范围。我们做什么，或者我们在完全清醒的情况下决定要做什么，归根结底才是最重要的。而这，几乎完全取决于我们的感受和／或我们的思维。任何结构，当然也包括作为一个正常运作的完整的人体，都完全处于相互依存的关系之中。因此，那么多复杂多变的运作模式之间的界限，虽然一直存在，却只是表面现象，而并非真相。同样，我们的四种气质类型之间也并无明确的界限，而只是“按适当比例”混合在一起，形成了我们各自的特点，并帮助我们成为独一无二的个体。诸多系统共同构成的这个大系统，在我们看来，是相互补充的关系，共同构成了这个无比精妙、无比高效的机体。

正如我们已经明确的那样，抑郁质与黏液质是两个极端。然而有趣的是，抑郁质人一心只关心他们内心的世界，可被视作“大脑型”的人。他们属于内向性格的人，只关注自己的事，表现为聚合型思维习惯。与抑郁质相对的是黏液质气质，正如我们所看到的，这种气质类型与消化系统密切相关，我们有理由认为这种气质的人属于“代谢型”的人。我们还知道，从人的成熟阶段和人体构造上来看，胚盘的外胚层主要与头部和中枢神经系统有关，而这正是抑郁质人的活跃领域（见图5和图6）。

现在，来看看胚盘内胚层。内胚层主要形成人体的消化系统或代谢系统，该系统位于人体最下缘的地方，即腹部的下半部分。我在前面说过，抑郁质人属于“大脑型”人，与“消化型”截然相反；而从位置和功能来看，它们确实如此。此外，大脑和中枢神经系统的运作，我们都能意识到，但我们对消化系统的运作过程几乎毫无察觉。如果我们能察觉到消化系统的运行，那么一定是出了什么问题！

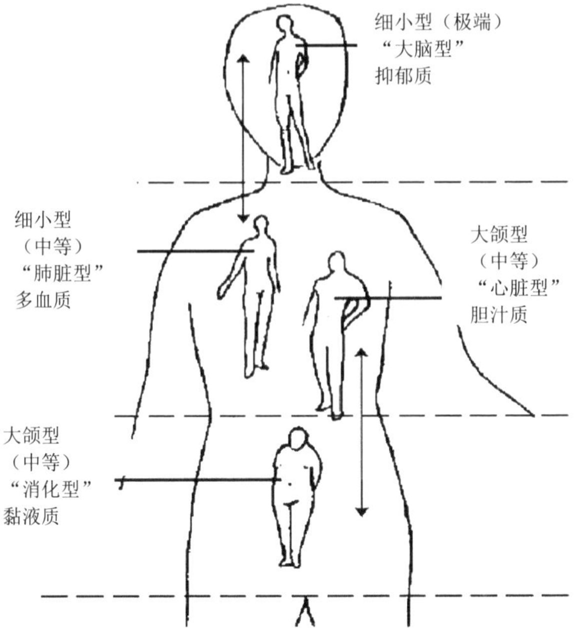

图6 内胚层的四种分化形式

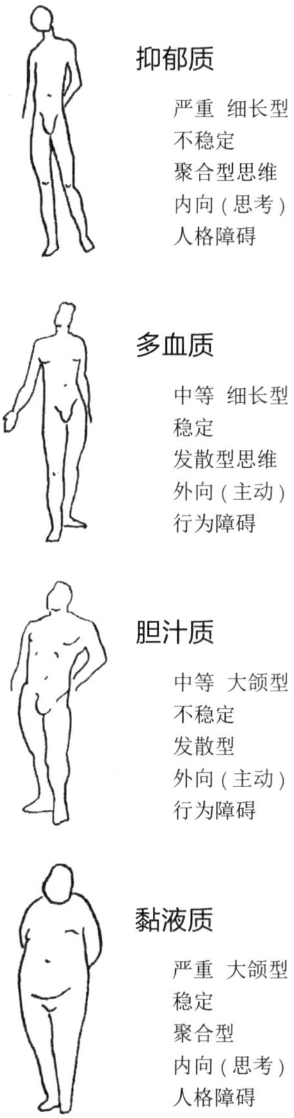

图 7　四种气质的形体及性格特点

但是，除了在许多方面是两极对立的，这两种气质的人也有显著的相似之处。这两种气质的人其基本性格属性均为内向性格，而他们的思维过程也都是聚合型思维。但是，对于那些黏液质人来说，他似乎完全沉浸于对食物的消化之中，而使得“正常”意识被掩盖了！正如我们所看到的，与其他任何气质的人相比，他们给人的印象是最缓慢、最迟钝、最无感的那种人。然而，相对应的，当涉及内心世界和消化过程时，他们的意识可比任何别的气质类型都更加敏锐。如果仔细想想，人们会发现所有这些影响他们的因素与我的假说丝毫不差。

从定义上讲，外胚层和内胚层之间是中胚层，而中胚层包含了间充质（见图5）。正如我们所看到的，中胚层又形成了心脏、血液和淋巴管及细胞以及大部分的肺和其他胸腔器官，而这些器官的大部分结缔组织则由间充质形成。骨骼和软骨、血液和结缔组织等都源于中胚层。现在，正如我已假设的那样，对于那些以抑郁质为主要气质倾向的人来说，头部是其身体的主要活动区域，而对于黏液质倾向的人来说，最主要的活动区域则是他们的消化器官。在回答这两种气质施展相应功能的“身体部位”分别在哪里这一问题时，我除了表明另外两种气质必定与胸腔内部的各个器官相关之外，别无选择。而这，正是我要论证的。

位于胸部的主要生命器官毫无疑问就是心脏和肺，它们以明显互补的方式为身体服务。心脏通过其所管辖的动脉系统和静脉系统实现血液循环，并为我们身体的每一部位供应氧气。此外，它的功能还包括将重要的营养物质运送到所有身体器官。毋庸多言，这些营养物质是通过消化系统及消化过程提供的。因此，我们体内就有了肺这一充满“气”的存在，并执行相关功能。还有一个生成“热”

的组织，是通过血液和血液的运行来实现的，而血液则是通过消化系统的“燃烧”产生的。因此，我的论点就是，多血质气质与肺相关，而胆汁质气质与血液相关（见图 2 和图 6）。

如果继续观察，人们会发现更多的证据：多血质人轻佻、神经质、闲不住，正如鸟雀，以性格警敏而为人所知，身边发生的一切都逃不过他们的眼睛。他们毫无疑问与神经系统——特别是其中为感觉器官服务的部分——相关。因此，我们有理由认为，多血质人有着这样的倾向：他们并不符合“气质特点和属性与对应器官保持一致”的原则。这些器官的形成，是生成它们的物质与外胚层（负责未来大脑、神经系统等的发育）紧密相连或相互联系的结果。

此外，这种相似性同样也伴随着两极相对性，正如外胚层 / 大脑系统和内胚层 / 消化系统之间的相似与相异性。也就是说，中胚层与内胚层相接，正如它也与外胚层相接一样。鉴于此，演绎推理表明，胆汁质气质应该与消化系统有一定的联系，我坚持认为是这样的。而胆汁质人则表现为行为上外向，思维上发散，这与黏液质人相反，后者在态度和行为上一般表现为内向，在思维上则表现为聚合。回顾一下，多血质人和胆汁质人一样，在行为上也是外向的，而在思维上同样表现为发散型。因此，沿着我所给出的这条线进行观察和论证，可以看出我们的身心组织以非常精妙的方式形成了一个相互补充的平衡体。

正如整个模式是由胚盘的三个胚层决定的一样（假设如此），一个发育完全的人持站立姿势时，同样会以水平方式展现这种三层结构。比较我给出的草图（图 3 和图 4）可能会有助于读者掌握我的论点和论据。

最上层包括头部和颈部，代表外胚层，即便人体的中枢神经系统网络事实上延伸到了身体的所有其他部位。

根据我给出的模型，这一层代表那些在很大程度上源自胚胎外胚层的器官，也是抑郁质气质的人很有可能会发展出的那些基本气质特点的核心。从草图中可以看出，中间一层或中胚层的最上面，是与外胚层的上表面相接，代表着上胸部区域，包括大部分的肺和心脏所在的区域。如果与身体其他部位相比，这一部位发展得比较突出的话，就会为多血质气质的形成创造适宜的条件。

这是互相重叠的地方：中胚层的下层也占据了这个区域的部分，并向下延伸，使其下表面与内胚层的上表面相接。这一区域代表了内胚层“下层”部分，如果这一区域过度发展，牺牲了其他细胞层的发展机会，就会形成那些特定的性情，在最终发育完全的人身上表现出胆汁质的态度和行为。

最后，我们看看最下面一层，即内胚层。可以看到，这一层包括整个腹部，包括形成我们整个消化/代谢系统的那部分。这是大多数黏液质人平时最关注的一个区域，我们完全可以将这一区域视为黏液质气质的基础所在。图5可帮助证实这一点。

这张简单的表格有助于进一步澄清问题：

表11 气质、体型与性格

气质	体型	性格属性	认知类型	体格
抑郁质	消瘦型（严重）	内向	聚合型	细长型
多血质	消瘦型（中等）	外向	发散型	细长型
胆汁质	肥胖型（中等）	外向	发散型	大颌型
黏液质	肥胖型（严重）	内向	聚合型	大颌型

通过上面这个表——以及图 5 和图 7——你会看到，我没有将所谓运动型体型包括进去——因为不存在这种体型！运动型体型是那些一心只想找到某种“中间体型”的人凭空发明出来的。事实上，只存在两种类型的体型，即细小型（高、瘦）以及大颌型（矮、壮）两种。所谓的运动型体型指“细长型”体型的人发展出了中等身材，表现为相对矮小，更加均衡协调的身体特点，这是绝大多数多血质人具有的体型；或者是“大颌型”体型的人发展出了中等身材，但并不极端粗壮厚实的那种体型，代表着胆汁质人体型。

从我的角度来看，我们说有四种气质恰好与四种体型——而非三种——相对，是完全合理的。因为实际上只存在两种体型：只是每一种大的体型分类又可细分为极端和中等两个小类。此外，我将人体分为头部系统、肺部和心脏系统以及消化系统的排序方法完全符合这一假说。这三个器官系统与最初的三个胚胎细胞层的概念相当吻合，也可以解释胚胎发育阶段正常细胞分裂的非特异性，而这又是细胞突变、迁移、聚集和其他情况发生的原因所在。

一些 19 世纪的科学家怀疑，将四种气质与三种体型放在一起有些不妥。他们推测中胚层的间充质或各胚层相互接合的界面本身在起什么作用。我认为就这个问题，我已经给出了足够多的分析，足以证明他们的推测是正确的。

参考文献

(1)Steiner R., *The Four Temperaments,* Rudolf Steiner Publishing Co., 1944, p. 6; Childs, G J., *Steiner Education in Theory and Practice*, Floris Books, 1991, Chapter 6.

(2)Moore K L., *The Developing Human*, W B Saunders Co., 1988, 4th edition, p.69.

(3)Beck F and Moffat D B., *Human Embryology and Genetics*, Blackwell Scientific Publications, 1973, p.128.